SCHOLASTIC

WHO WOULD WIN

猜猜谁会赢

动 物 大 混 战

[美] 杰瑞·帕洛塔（Jerry Pallotta） 著　　[美] 罗布·博斯特（Rob Bolster） 绘　　纪园园 译

斑鬣狗对战蜜獾

中信出版集团｜北京

图书在版编目（CIP）数据

斑鬣狗对战蜜獾 /（美）杰瑞·帕洛塔著 ；（美）罗
布·博斯特绘 ；纪园园译. -- 北京 ：中信出版社，
2021.7（2024.12重印）
（猜猜谁会赢：动物大混战）
书名原文：Who Would Win? Hyena vs. Honey
Badger
ISBN 978-7-5217-3255-9

I. ①斑… II. ①杰… ②罗… ③纪… III. ①哺乳动
物纲－儿童读物 IV. ① Q959.8-49

中国版本图书馆 CIP 数据核字（2021）第 117741 号

斑鬣狗对战蜜獾

（猜猜谁会赢：动物大混战）

著　者：[美]杰瑞·帕洛塔
绘　者：[美]罗布·博斯特
译　者：纪园园
出版发行：中信出版集团股份有限公司
　　　　　（北京市朝阳区东三环北路27号嘉铭中心 邮编 100020）
承 印 者：北京尚唐印刷包装有限公司

开　本：787mm×1092mm　1/16　　印　张：20　　字　数：350 千字
版　次：2021 年 7 月第 1 版　　　　印　次：2024 年 12 月第 8 次印刷
京权图字：01-2021-3866　　　　审 图 号：GS（2021）3453 号
书　　号：ISBN 978-7-5217-3255-9
定　价：130.00 元（全 10 册）

出　品：中信儿童书店
图书策划：红披风
策划编辑：吕晓婧　　　　责任编辑：徐芸芸　　　　营销编辑：易晓倩　张旖旎　李鑫橦
装帧设计：谭　潇　李晓红　颂煜图文

如果斑鬣狗与蜜獾相遇，会发生什么呢？如果二者大打出手，你觉得谁会赢？

鬣狗

鬣狗共有四种。

斑鬣狗是其中体形最大、最强壮的。

斑鬣狗

棕鬣狗是鬣狗中最稀有的一种，大多分布在非洲的卡拉哈里沙漠。

棕鬣狗

哺乳动物

是一种恒温动物，通常被毛。

条纹鬣狗是体形较小的鬣狗。

条纹鬣狗

土狼也被认为是一种鬣狗，主要吃昆虫。

土狼

鬣狗是夜行动物，也就是通常在夜晚捕猎或活动的动物。

那些叫"獾"的动物

獾有好几种，是体短、矮壮的哺乳动物，下颌强壮，皮肤厚实、坚硬。

这种獾也被称作狗獾。

狗獾

美洲獾喜欢生活在大草原上，以小型哺乳动物为食，例如松鼠。

美洲獾

美国威斯康星大学麦迪逊分校运动队就是以"獾"命名的。

幼仔只能存活大约一半的蜜獾能吃蛇，包括毒蛇。

你知道吗？

蜜獾体内有抗毒血清。所以毒蛇拿它也没有办法。

蜜獾

该怎么描述一只蜜獾呢？

无所畏惧还是凶神恶煞？

初识斑鬣狗

斑鬣狗的拉丁学名为 *Crocuta crocuta*。

那就笑吧

斑鬣狗被很多人称为笑鬣狗。

初识蜜獾

蜜獾的拉丁学名为 *Mellivora capensis*。

小百科

蜜獾也被称作平头哥。

小百科

蜜獾是杂食动物，也就是说它既吃动物也吃植物。

蜜獾身体上的皮毛是黑色的，而脑袋和后背的皮毛是白色的，看着像是用巧克力做了基座，顶部又盖了层香草糖霜。

别搞混

非洲野狗不是鬣狗，只是长得非常像。

非洲野狗   鬣狗

小百科

非洲野狗的四条腿高度
相同。

小百科

鬣狗的前腿比后腿要长，脖子
也更粗、更长。

亲缘关系

水獭

和獾有亲缘关系的动物有水獭、臭鼬、狼獾和黄鼠狼。

蜜獾也和海獭有亲缘关系。

蜜獾很少喝水，是从吃的蛇或者其他生物的血液中获取水分的。

臭鼬

狼獾

蜜獾也会吃一些瓜类食物来补充水分。

黄鼠狼

成群还是独行

斑鬣狗通常是成群活动，而且有的群体数量巨大。

另外一些成群、成队出现的物种如下。

一群牛。

一群鸟。

一群蜜蜂。

一群蝙蝠。

一群鱼。

蜜獾也会成群出现。但是，大多数蜜獾喜欢独自活动或狩猎。

更多成群出现的动物如下。

一群猫头鹰。

一群乌鸦。

一群狮子。

一群犀牛。

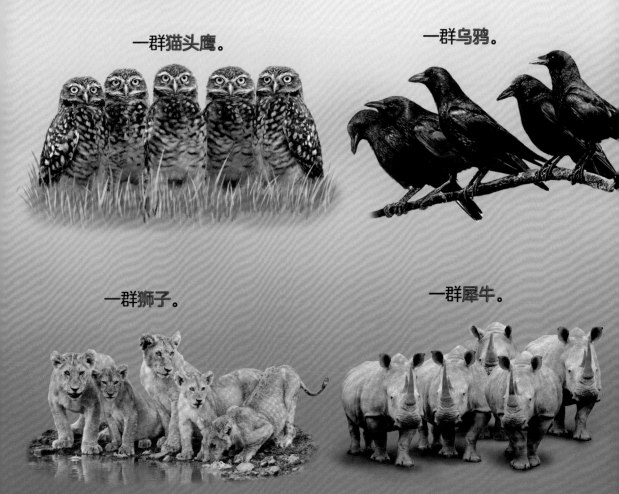

非洲

鬣狗生活在非洲和亚洲等地。大多数鬣狗生活在森林边缘或者热带稀树草原上。

非洲

斑鬣狗栖息地

热带稀树草原
是热带平坦少雨
的草地。

亚洲的阿拉伯半岛和印度

蜜獾生活在非洲、亚洲的阿拉伯半岛和印度大部分地区。

亚洲

印度

阿拉伯半岛

蜜獾栖息地

分布范围

家

斑鬣狗生活在地下空间、洞穴或坑道、地上草丛或岩石中的巢穴中。

动物的家，也就是生活场所，有不同的名字。

河狸有时生活在木巢里。

鸟生活在鸟巢中。

北极熊生活在雪洞里。

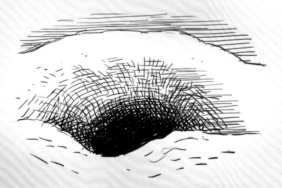

蜜蜂生活在蜂巢里。

你能想出更多动物的家的名字吗？

蜜獾生活在地下的洞穴中。

更多动物的家。

松鼠生活在**树巢**或树洞里。

豹子生活在洞穴里。

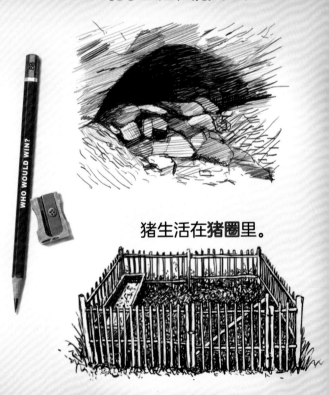

旅鼠生活在洞穴中。

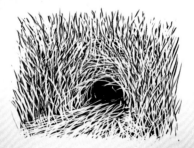

猪生活在猪圈里。

你有兴趣查查其他类型的家吗？你的家是什么样子的？

逐猎行动

斑鬣狗追逐猎物的时候，会一直追到猎物累得跑不动，让猎物自己倒下。这种捕猎的方式，使斑鬣狗看起来不太勇敢。

捕猎起点

猎物感觉到累

一些当地人对斑鬣狗这样的捕猎方式嗤之以鼻。

捕猎终点

蜜獾以其无所畏惧而闻名。当蜜獾想做什么的时候，任何事情都不可能阻止它们。

这只蜜獾正在攻击一个蜂巢，想吃里面的蜂卵。蜂卵和蜂蜜比成年蜜蜂更有营养。

斑鬣狗的优势

尖牙

非常适合咬碎骨头。

因为斑鬣狗吃了太多动物骨头，所以粑粑是白色的。

强大的下颌

斑鬣狗的下颌在动物界算是非常强大的了，但并不是最强大的。

要对斑鬣狗和大白鲨说声抱歉。袋獾拥有的才是最强大的下颌。

集体作战

如果你见到了一只斑鬣狗，就意味着有更多斑鬣狗在旁边。和整群斑鬣狗战斗，并不是什么好主意。

蜜獾的优势

尖甲

蜜獾的尖甲比熊的还要长。

蜜獾在挖洞方面是专业的。

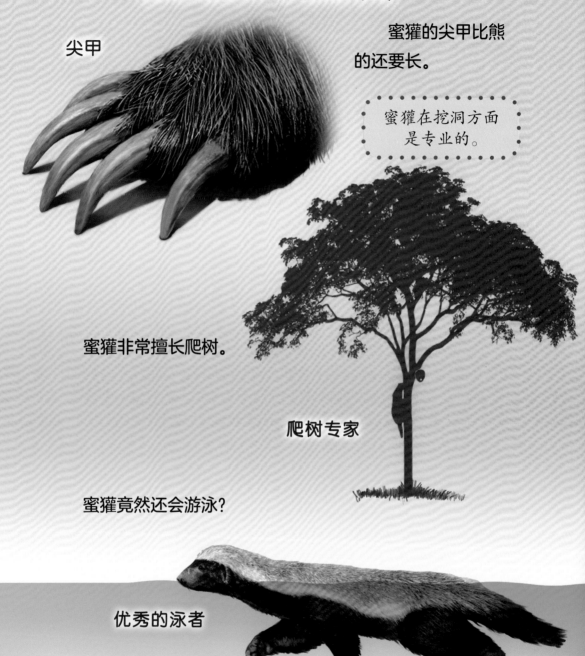

蜜獾非常擅长爬树。

爬树专家

蜜獾竟然还会游泳？

优秀的泳者

蜜獾的皮肤非常厚，很难咬透或者叮透。

厚皮肤

厚达6毫米

6毫米

速度和体形

斑鬣狗奔跑的速度能够达到每小时 35 英里（约 56 千米）。

很快！

猎豹的速度更快，能达到每小时 70 英里（约 112 千米）。

出奇地快！

斑鬣狗的体形

斑鬣狗能长到 0.9 米高，1.8 米多长。

和许多其他动物一样，斑鬣狗的身高指的也是从前爪到肩膀的高度。

斑鬣狗的体重能够达到 86 千克。

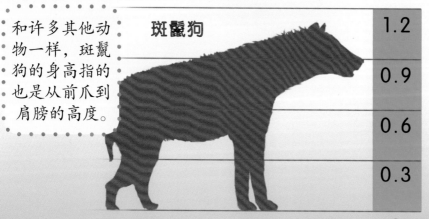

斑鬣狗	
	1.2
	0.9
	0.6
	0.3
	0 单位：米

蜜獾的奔跑速度可达每小时 15 英里（约 24 千米）。

蜜獾能倒着走路。

蜜獾非常敏捷，能够快速向左、向右移动，也能很快减速和加速。

蜜獾的体形

蜜獾身体很长，不过腿很短。

蜜獾的体重能够达到 16 千克。

0.6	蜜獾
0.3	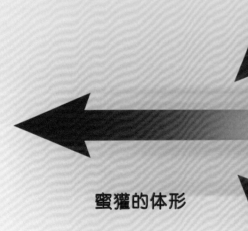
0　单位：米	

耳朵

斑鬣狗的听力非常好，它们的耳朵又大又圆。

有研究认为斑鬣狗比黑猩猩还要聪明。

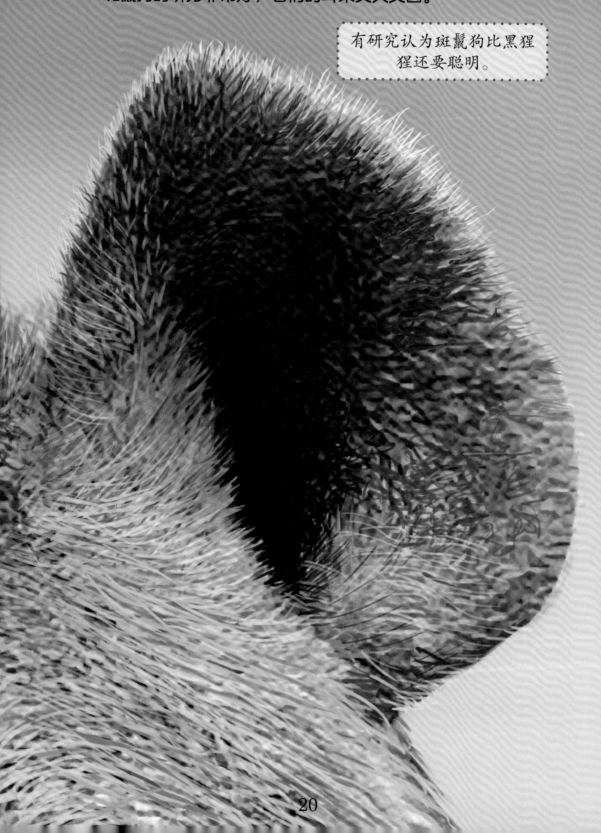

蜜獾因喜食蜂蜜而得名。它们的耳朵上方有遮挡，能够在袭击蜂巢时保护耳朵不被蜜蜂蜇。

你知道吗？

蜜獾常常与比自己体形大得多的动物战斗。

你知道吗？

有人曾看见蜜獾攻击狮子的鼻子。

对战

在去观战的路上，我们见到了一座奇怪的艺术博物馆。这个月的特展是斑鬣狗和蜜獾的画像，有点不寻常。

意大利著名画家波提切利可能这样画斑鬣狗。

雕塑家米开朗琪罗可能这样雕刻斑鬣狗。

荷兰画家维米尔可能这样画蜜獾。

美国现代艺术家彼得·马克斯可能用大量明亮的颜色画蜜獾。

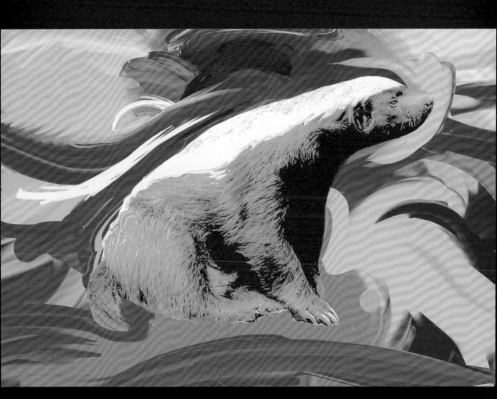

意大利艺术家卡拉瓦乔可能用黑色背景和亮色前景表现斑鬣狗。

下面是萨尔瓦多·达利风格的超现实主义斑鬣狗。

印象派画家文森特·凡高可能用这样的方式画蜜獾。

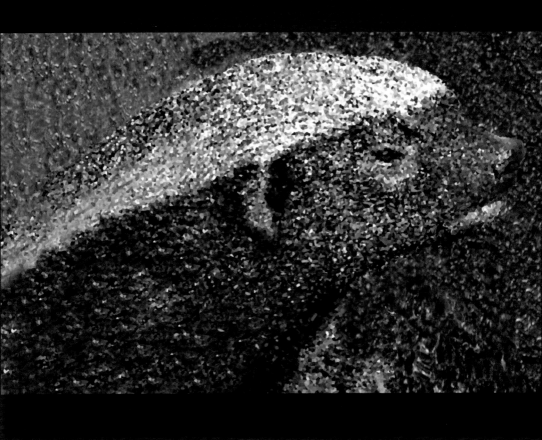

好了，太多漂亮的艺术品了。现在该离开博物馆，去瞧瞧蜜獾和斑鬣狗的战况了。

蜜獾看到了一只较大的斑鬣狗。斑鬣狗也注意到附近有一只蜜獾。斑鬣狗以为自己可以轻松干掉这只肚皮几乎贴着地面的蜜獾，就没有呼喊同伴。

斑鬣狗试图咬住蜜獾。蜜獾可没有让步，一口咬住了斑鬣狗的鼻子。哎哟！可真疼！

斑鬣狗挣脱后，想甩开蜜獾，赶紧逃跑。蜜獾可不会善罢甘休，它向斑鬣狗冲去，咬住了斑鬣狗的脚踝。

斑鬣狗彻底被蜜獾激怒了。它用前脚掌把蜜獾掀翻在地，然后一口咬住蜜獾，可是蜜獾一点儿也不觉得疼。蜜獾的皮肤太厚了，而且还很有弹性。

斑鬣狗又咬了一口，但是蜜獾也回了一嘴。接着蜜獾用自己爪子上长长的尖甲扫到了斑鬣狗的眼睛，这使斑鬣狗的一只眼睛顿时看不清东西了。

蜜獾先咬了斑鬣狗的腿，接着又扫到了斑鬣狗的眼睛，越战越勇。

蜜獾用强大的下颌咬断了斑鬣狗的前腿，斑鬣狗倒在地上。蜜獾再次咬住了斑鬣狗的鼻子。

被划伤的眼睛、断掉的腿、受伤的鼻子，斑鬣狗战败了。
蜜獾获胜！

实力大比拼
参数对比

斑鬣狗		蜜獾
☐	态度	☐
☐	爪子	☐
☐	皮毛	☐
☐	体形	☐
☐	速度	☐
☐	牙齿	☐
☐	体重	☐

这不过是其中一种可能的战斗结果。亲爱的小读者，如果是你，你会如何书写结局呢？

WHO WOULD WIN

猜猜谁会赢

动 物 大 混 战

丛林大混战

［美］杰瑞·帕洛塔（Jerry Pallotta） 著

［美］罗布·博斯特（Rob Bolster） 绘

纪园园 译

中信出版集团｜北京

图书在版编目（CIP）数据

丛林大混战／（美）杰瑞·帕洛塔著；（美）罗布·
博斯特绘；纪园园译 . -- 北京：中信出版社，2021.7
（猜猜谁会赢：动物大混战）（2024.12重印）
书名原文：Who Would Win? Ultimate Jungle
Rumble
ISBN 978-7-5217-3255-9

Ⅰ. ①丛… Ⅱ. ①杰… ②罗… ③纪… Ⅲ. ①哺乳动
物纲—儿童读物 Ⅳ. ① Q959.8-49

中国版本图书馆CIP数据核字（2021）第 117733 号

丛林大混战
（猜猜谁会赢：动物大混战）

著　　者：[美]杰瑞·帕洛塔
绘　　者：[美]罗布·博斯特
译　　者：纪园园
出版发行：中信出版集团股份有限公司
　　　　　（北京市朝阳区东三环北路27号嘉铭中心 邮编 100020）
承　印　者：北京尚唐印刷包装有限公司

开　　本：787mm×1092mm　1/16　　印　张：20　　字　数：350 千字
版　　次：2021 年 7 月第 1 版　　印　次：2024 年 12 月第 8 次印刷

京权图字：01-2021-3866
书　　号：ISBN 978-7-5217-3255-9
定　　价：130.00 元（全 10 册）

出　　品：中信儿童书店
图书策划：红披风
策划编辑：吕晓婧　　　　　责任编辑：徐芸芸　　　　　营销编辑：易晓倩　张旖旎　李鑫橦
装帧设计：谭　潇　李晓红　颂煜图文

十六只丛林动物集结，一场晋级赛马上打响。规则很简单，如果输掉比赛，即被淘汰出局。谁会赢呢？

小百科

斑鬣狗大多数时候会杀死自己的猎物。条纹鬣狗则吃其他动物杀死的猎物。

回合 1 斑鬣狗对战巨蜥 场次 1

斑鬣狗直面巨蜥。双方都做好了战斗的准备。

关于尺寸

一只巨蜥能长到 1.5 米长，并且能用后腿站立。巨蜥是世界上最大的蜥蜴之一。

你知道吗？

科莫多巨蜥是地球上最大的蜥蜴。

这场战斗是爬行动物与哺乳动物的对抗。巨蜥皮肤粗糙坚硬，不过可能不是斑鬣狗的对手。

你知道吗？
斑鬣狗强大的下颌能够咬碎骨头。

斑鬣狗获胜！

斑鬣狗将巨蜥掀翻在地，咬下了一大块肉。斑鬣狗获胜。

很多大猩猩的皮毛都是黑色的。大猩猩是群居动物，也就是说大猩猩家族成员一起生活。

小百科

居住在一起的大猩猩用"一队"或"一群"来描述。

大猩猩对战黑曼巴

黑曼巴有毒，且速度极快，对手是大猩猩，大猩猩是体形最大的类人猿。

小百科

当一个动物咬了、叮了或者刺了你，在你身上注射了毒液，让你难受，那么这个动物是有毒的。

关于速度

黑曼巴能够以每小时 19 千米的速度爬行。

聪明的大猩猩知道黑曼巴很危险。这条蛇企图给大猩猩致命一咬。

大猩猩获胜！

大猩猩举起一块很重的岩石，对着黑曼巴砸了过去。大猩猩战胜了毒蛇！

你知道吗？
黑曼巴之所以叫这个名字，是因为口腔内的皮肤是黑色的。

水豚是所有啮齿类动物当中体形最大的。今天水豚要与箭毒蛙一决高下。

小百科
水豚是优秀的游泳者，脚是有蹼的。

回合

1 水豚对战箭毒蛙 **3** 场次

箭毒蛙虽然很娇小，但是有毒的，要小心！箭毒蛙体色亮丽，警告其他动物躲得远远的。它能赢下这场比赛吗？

警告！
箭毒蛙的皮肤是有毒的。不要碰，也不要吃箭毒蛙！

小百科
青蛙没有尖爪，也没有脚指甲。

战斗开始。水豚通常对其他动物很友好。今天，水豚的麻烦来了。要怎样才能获胜呢？要是咬一口有毒的箭毒蛙，水豚可就没命了。

关于体形

大多数箭毒蛙也就跟高尔夫球一般大，甚至更小。

水豚获胜！

笨重的水豚滚到了箭毒蛙身上，将箭毒蛙碾扁。水豚获胜！水豚的皮毛能够保护自己，不被箭毒蛙的有毒皮肤伤害。水豚将前往下一回合。

孔雀也来参加比赛？孔雀这么爱炫耀，怎么会战斗呢？孔雀的爪子的确很犀利。五颜六色的羽毛会有利还是有弊？

问题

谁会觉得一只鸟会赢得丛林大比拼呢？

回合 ①1 孔雀对战紫羚 ④4 场次

孔雀的对手是紫羚。紫羚是丛林中体形最大的羚羊，体重能够达到 400 千克。

小百科

体形最小的羚羊是皇家岛羚。

孔雀扑扇着尾巴上的羽毛，瞪着紫羚。紫羚根本没在意。紫羚低下头，一脚踩在了孔雀身上。

紫羚获胜！

小百科

其他种类的羚羊包括跳羚、黑羚、黑斑羚、剑羚、安氏林羚、瞪羚和转角牛羚。

下一场对阵双方是小熊猫和疣猪。小熊猫是食草性动物，也就是主要吃植物的动物。小熊猫通常生活在有竹子的森林中。

小百科

天气转冷时，小熊猫会用自己毛茸茸的尾巴当毯子。

小熊猫对战疣猪

小熊猫是本书中最可爱的动物，更像是玩具，浣熊，或者家猫。

你知道吗？

家猪、野猪、疣猪都是亲戚。哼哼！

疣猪是杂食性动物，也就是吃植物和动物的动物。

疣猪和小熊猫的战斗开始。疣猪牙齿十分锋利，比小熊猫更有攻击力。

疣猪获胜！

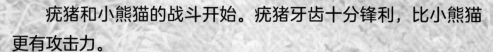

关于速度

普通的疣猪也是赛跑高手。为了躲开捕食者，疣猪时速能达 46 千米。

下一场比赛是蛇与猴子的对决。绿森蚺是世界上体形最大的蛇之一。山魈的脸色彩斑斓，看着像是要去参加万圣节派对一样。

回合 ① 绿森蚺对战山魈 ⑥ 场次

山魈非常聪明，它盯着绿森蚺这条蛇。山魈很重视这场比赛。

战斗开始。山魈希望自己足够强壮，能一把折断绿森蚺的脑袋。很不幸，山魈没有做到。绿森蚺太强大了。

小百科
绿森蚺能勒得猎物无法呼吸。

你知道吗？
在野外，孤零零的一只山魈并不常见。在现实生活中，一大群山魈很可能把蛇赶跑。

绿森蚺获胜！

绿森蚺缠住了山魈。绿森蚺的肌肉群协同工作，将山魈缠绕得越来越紧。绿森蚺将进入第二轮比赛。

花豹是动物界最厉害的捕食者之一，走起路来悄无声息，它身体强壮，拥有强大的颌骨和致命的爪子。

小百科

花豹能轻松地爬到树上。

小百科

花豹是一种猫科动物。

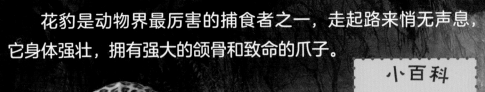

回合 **1** 花豹对战霍加狓 **7** 场次

霍加狓一部分像长颈鹿，一部分像马。它虽然是吃植物的，但是却可以用自己巨大的身躯和有力的蹄子来保护自己。

小百科

霍加狓属于有蹄类动物。有蹄类指的是在每只脚上都有角质的蹄。

霍加狓的一记重踢甚至能够踢断花豹的下巴。断了下巴的花豹注定会死去。

花豹偷偷溜到霍加狓身后。狡猾的花豹可不想被踢，死死咬住霍加狓的后腿。哎哟！现在霍加狓可走不动了。

小百科

花豹能战胜、杀死并吃掉体形比自己大得多的动物。

花豹获胜！

之后，花豹跳到霍加狓的背上，咬了下去。霍加狓的血流了出来。霍加狓跛着脚，流着血，奋勇战斗，却最终失败。花豹前往第二回合比赛。

第一回合最后一场比赛来了。大个头的食蚁兽对阵马来熊。食蚁兽吃昆虫，会用长长的、锋利的尖甲掀开蚂蚁的巢穴，然后用自己长长的、黏糊糊的舌头粘出蚂蚁吃掉。

小百科
只吃虫子的动物被称作食虫动物。

回合

1

食蚁兽对战马来熊

场次

8

为什么提到甲虫？
甲虫的种类可达数百万种之多，但是熊的种类只有八种。

小百科
熊类包括棕熊、黑熊、北极熊、马来熊、灰熊和眼镜熊等。

食蚁兽长长的舌头对战胜马来熊基本无帮助。

马来熊走到食蚁兽身边，一巴掌拍在了食蚁兽香蕉形状的脑袋上。食蚁兽的尾巴很长，毛发浓密，但是这根本伤害不了马来熊。

马来熊加大攻击力度，掌击、撕咬、踩踏食蚁兽。食蚁兽的尖甲只能轻微地抓伤马来熊的皮肤，食蚁兽尽力了。马来熊战胜了食蚁兽。

马来熊获胜！

留下的八名选手进入第二回合比赛。

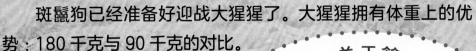

斑鬣狗已经准备好迎战大猩猩了。大猩猩拥有体重上的优势：180 千克与 90 千克的对比。

关于笑

斑鬣狗有时发出的声音听着像是人类的笑声。这种动物有时候也被称作笑鬣狗。

小百科

相较于自己的体形来说，斑鬣狗的脖子、脑袋和颌骨都太大了。

回合
2

场次
1

斑鬣狗对战大猩猩

小百科

大猩猩的脑袋比人的要大，不过人的大脑要比大猩猩的聪明。

你知道吗？

大猩猩能够站立，用两条腿走路。

大猩猩更强壮一些。

斑鬣狗试图咬伤大猩猩。但是，大猩猩占据上风。大猩猩像摔跤手一样，用手臂夹住了斑鬣狗。

小百科
大猩猩能够活 35 到 45 岁。

斑鬣狗可怕的下颌没法咬到大猩猩。而大猩猩摇摆着身体，利用身体的重量猛冲向斑鬣狗。斑鬣狗麻烦大了。

大猩猩获胜！

大猩猩迈向丛林四强赛。

在打败孔雀之后，紫羚又回到了赛场，面对的是水豚。水豚刚刚打败了箭毒蛙。

小百科

紫羚角和犀牛角都是由角蛋白构成的。这种蛋白质是构成头发和指甲的重要部分。鹿角则是骨头。

回合 **2** 紫羚对战水豚 场次 **2**

水豚这只啮齿类动物必须利用自己尖利的前牙获胜，或者可以跳进河里，躲过紫羚的攻击。不过，这附近似乎没有水。

小百科

啮齿类动物的门牙会一直生长。

紫羚正在思考："我可以用我的角。"

紫羚低下头，贴着地面，冲向水豚。水豚立刻跳开。紫羚一次又一次故伎重演，一次又一次失败。不过，这时候，水豚渐渐体力不支。

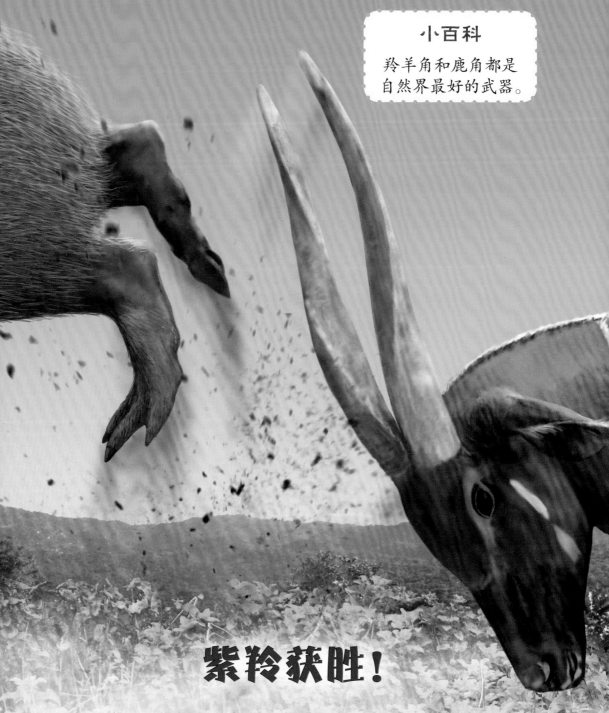

小百科

羚羊角和鹿角都是自然界最好的武器。

紫羚获胜！

终于，紫羚命中水豚，水豚受伤。这只水豚算是完了。它战败了。紫羚前往下一轮比赛。这些丛林动物战斗力太强了。

这场比赛是哺乳动物对阵爬行动物，有腿动物对阵无腿动物。两个动物都为了赢得"丛林四强"的席位而战斗。现在，疣猪对阵绿森蚺的战斗开始。

小百科
疣猪能够用长而弯曲的獠牙攻击捕食者。

回合
2 疣猪对战绿森蚺 场次 3

小百科
绿森蚺是游泳健将。

疣猪速度更快，绿森蚺身体更强壮。疣猪有尖利的牙齿和獠牙。绿森蚺牙齿虽小，但是却能用身体勒死疣猪。绿森蚺想吃火腿三明治吗？或许疣猪应该赶紧逃走。

疣猪一点点靠近对手，思考着如何打败绿森蚺。绿森蚺用
它的牙齿抓住了猎物，并紧紧地缠住了疣猪。呜呼！

你知道吗？
绿森蚺的体重能够
达到220千克。

你知道吗？
吃掉疣猪之后，绿森蚺可
以几个月不吃东西。

绿森蚺获胜！

绿森蚺慢慢缠紧疣猪。最终，这头疣猪无法呼吸了。

很多人不觉得马来熊是凶狠的动物。因为马来熊最喜欢的食物是蜂蜜和昆虫。花豹则被认为是杰出的猎手。

小百科

大多数黑豹是花豹或者美洲豹变异而来的。

2

花豹对战马来熊

4

本场战斗结束后，"丛林四强"的席位将最终确定。迄今为止，晋级的选手包括大猩猩、紫羚和绿森蚺。哪只动物会夺得最后一个席位呢？

你知道吗？

马来熊的胸部有一个像小太阳的标记，因此又称为太阳熊。

马来熊身体强壮，爪子尖利，不过对阵迅猛的猫科动物花豹，仍然不是对手。花豹用爪子将马来熊掀翻在地。

小百科

花豹是大型猫科动物。更大的是美洲狮、美洲豹、狮子。老虎是世界上最大的猫科动物。

比较

美洲豹和花豹长得很像，有时候很难区分开。

花豹获胜！

花豹一口咬住了马来熊。接二连三的重击和撕咬让马来熊招架无力。花豹来到第三轮比赛！

丛林四强

第三回合比赛开始。两只非洲动物分在同一个半决赛区。
哺乳动物对阵哺乳动物！大猩猩将对阵紫羚。

你知道吗？
大猩猩没有尾巴。

回合 3 大猩猩对战紫羚 场次 1

两只动物互相瞪着对方。紫羚注意到了大猩猩强壮的肌肉。
大猩猩也看到了紫羚尖锐的角和大大的身体。

小百科
丛林通常指的是雨林。

这场战斗非比寻常。紫羚对大猩猩没什么兴趣，想赶紧逃走。不过，大猩猩抓住了紫羚，扭住了紫羚的后腿。大猩猩太强壮了，转到紫羚的前面，抓住了羚羊角，又扭住了紫羚的前腿。

大猩猩获胜！

紫羚走路都成问题了。大猩猩掀翻了紫羚，把紫羚猛地摔到地上。大猩猩压住了紫羚，获胜了。大猩猩的下一个对手会是谁呢？

这场比赛粉丝们期待已久。爬行动物对抗哺乳动物。南美洲来的绿森蚺对阵非洲或者亚洲来的花豹。

你知道吗？

绿森蚺的眼睛和鼻子在脑袋顶上。当他的大部分身体都在水下的时候，绿森蚺仍然能够看见，能够呼吸。

回合 3 绿森蚺对战花豹 场次 2

绿森蚺没有毒性，身体也不带毒。绿森蚺等不及要缠住花豹这只大猫了。不过，花豹是经验丰富的猎手，想杀死绿森蚺，然后把绿森蚺拖到树上，远离其他饥饿的捕食者。

战斗开始。花豹毫无畏惧地靠近绿森蚺，并开始撕咬绿森蚺的尾巴尖。咬住！跑掉！咬住！躲开！

每当绿森蚺靠近，花豹就会跳开跑走。花豹逐渐靠近绿森蚺的上腹部。花豹的颌骨十分强壮。咬！咔嚓！迅速跑走！咬！再咬！跑！

花豹获胜！

绿森蚺在流血，已经没有力气缠住花豹，也没有赢的心思了。花豹靠近，准备杀死绿森蚺，它咬住了绿森蚺的脑袋。花豹进入决赛，看到了旁边的大猩猩。

冠军赛！

花豹跳到了大猩猩的脑袋顶上。大猩猩用自己满是肌肉的手臂把花豹拍走了。花豹一口咬住大猩猩，不过大猩猩抓住了这头小型动物的脖子。花豹退缩了。战况胶着。

四腿对抗双腿双拳，尖甲对抗指甲，斑点对抗无斑点，猫科动物对抗类人猿：这就是我们期待已久的决赛。

大猩猩受够了这样的战斗。不过，大猩猩很聪明，看见旁边的一块木头，一把抄了起来。就在花豹要冲上前的时候，大猩猩挥起木头，一把甩在了花豹身上，砸碎了花豹的骨头。花豹麻烦大了。

现在，大猩猩又拿起一块很重的大石头，把石头扔到了花豹的脑袋上。战斗结束。大猩猩获胜。大猩猩虽然获胜，但是再也不想跟花豹战斗了。

大猩猩获胜！

这不过是其中一种可能的战斗结果。亲爱的小读者，如果是你，你会如何书写结局呢？

WHO WOULD WIN

猜猜谁会赢
动 物 大 混 战

恐龙大混战

［美］杰瑞·帕洛塔（Jerry Pallotta） 著
［美］罗布·博斯特（Rob Bolster） 绘
纪园园 译

中信出版集团｜北京

图书在版编目（CIP）数据

恐龙大混战 /（美）杰瑞·帕洛塔著 ；（美）罗布·
博斯特绘 ；纪园园译 . — 北京：中信出版社，2021.7
（猜猜谁会赢：动物大混战）（2024.12重印）
书名原文：Who Would Win? Ultimate Dinosaur
Rumble
ISBN 978-7-5217-3255-9

Ⅰ. ① 恐⋯ Ⅱ. ①杰⋯ ②罗⋯ ③纪⋯ Ⅲ. ①恐龙—
儿童读物 Ⅳ. ① Q915.864-49

中国版本图书馆 CIP 数据核字（2021）第 119001 号

恐龙大混战
（猜猜谁会赢：动物大混战）

著　者：[美]杰瑞·帕洛塔
绘　者：[美]罗布·博斯特
译　者：纪园园
出版发行：中信出版集团股份有限公司
　　　　　（北京市朝阳区东三环北路27号嘉铭中心 邮编 100020）
承 印 者：北京尚唐印刷包装有限公司

开　本：787mm×1092mm　1/16　　印　张：20　　字　数：350 千字
版　次：2021 年 7 月第 1 版　　印　次：2024 年 12 月第 8 次印刷

京权图字：01-2021-3866
书　号：ISBN 978-7-5217-3255-9
定　价：130.00 元（全 10 册）

出　品：中信儿童书店
图书策划：红披风
策划编辑：吕晓婧　　　　　责任编辑：徐芸芸　　　　营销编辑：易晓倩　张旖旎　李鑫橦
装帧设计：谭　潇　李晓红　颂煜图文

十六只恐龙登场了，将通过比赛决出谁是最难对付的、最厉害的恐龙。无论哪只恐龙输掉比赛，都会被直接淘汰。希望最凶猛的恐龙获胜！

翼龙不允许参赛！

我是会飞的爬行动物。

蛇颈龙不允许参赛！

我是远洋中的爬行动物。

你知道吗？
恐龙（dinosaur）这个词在西方是指可怕的蜥蜴。

第一场比赛是钉状龙对阵巨齿龙。想攻击或吃掉带刺的钉状龙可没那么容易。

钉状龙对战巨齿龙

回合 1

场次 1

小百科
巨齿龙（megalosaurus）的意思是巨大的蜥蜴。

巨齿龙是第一种被命名的恐龙。巨齿龙的化石在英国被挖掘出来。

巨齿龙用带牙齿的下颌攻击，不过钉状龙的刺实在太多、太尖利、太扎人了。

小百科

钉状龙（Kentrosaurus）的意思是刺多的蜥蜴。

巨齿龙贡献了一场精彩的战斗，不过还是出局了。

钉状龙获胜！

背甲龙的尾巴尖有个巨大的固体肿块。它的皮肤覆盖着厚厚的盔甲。

回合 1 背甲龙对战犹他盗龙 场次 2

犹他盗龙在电影《侏罗纪世界》中出现过。这只电影明星龙大约 7 米长，不过只有 2.4 米高。这差不多是两个一年级小学生加在一起的高度。

这场战斗公平吗？背甲龙全身披着铠甲。

犹他盗龙试图偷袭背甲龙，切开背甲龙没有保护的腹部。
但是，呼！背甲龙尾巴一挥，犹他盗龙被打傻了。背甲龙进入
下一个回合。

背甲龙获胜！

你知道吗？
古生物学家现在认为
犹他盗龙有羽毛。

永川龙是在中国被发现的。永川龙是两足动物。

小百科

两足动物指的是用两条腿走路的动物。

永川龙对战牛角龙

牛角龙的头盖骨是地球上生活过的动物中最大的，和大象的一般大。

小百科

牛角龙（torosaurus）的意思是有孔的蜥蜴，因为它们像盾一样的头骨上有孔洞。

小百科

牛角龙头骨的后侧被称作褶边。

躲过牛角龙锋利的角后，永川龙咬住了牛角龙的腿，拖住了牛角龙。跛脚的牛角龙没戏了。这场战斗中，食肉者战胜了食草者，两足动物战胜了四足动物。

小百科
永川龙（yangchuanosaurus）的意思是发现在重庆永川区的蜥蜴。

小百科
四足动物指的是用四条腿走路的动物。

永川龙获胜！

这不公平！谁把这两只恐龙配在一起的？超龙（supersaurus）对战小肿头龙？超龙是一种大型食草蜥脚类动物。

> **小百科**
> 蜥脚类恐龙的脖子很长，脑袋很小，尾巴很长，用四条大粗腿走路。

回合 ① 超龙对战小肿头龙 场次 ④

小肿头龙是身材娇小的恐龙，可能跟鹅差不多大。小肿头龙（micropachycephalosaurus）的意思是体形小、脑袋厚的蜥蜴。

> **小百科**
> 谁也不知道为什么小肿头龙的头盖骨这么厚。

超龙对阵小肿头龙。

噢哟！碾碎！

超龙获胜！

小百科

蜥脚类动物曾是陆地上体形最大的动物。

超龙进入下一回合比赛。

8

南方巨兽龙巨大的下颌骨上长满了尖锐的牙齿。下颌骨有大约1.8米长。南方巨兽龙被认为是体形最大的食肉类恐龙，用两条腿走路和捕猎。你肯定不想跟南方巨兽龙战斗的。

小百科
南方巨兽龙（giganotosaurus）的意思是南方的巨型蜥蜴。

小百科
两条腿的恐龙被称作兽脚类。兽脚类的意思是野兽的脚。兽脚类恐龙像鸟一样走路。

回合 ① 南方巨兽龙对战剑龙 场次 ⑤

剑龙特别好认。它的背上有一些板状骨头，还有一条长着刺的尾巴。

小百科
剑龙（stegosaurus）的意思是有屋顶的蜥蜴。

谜团
剑龙的板状物排序方式到底是怎样的呢？是成对排列的还是交替排列的呢？

与剑龙的板状骨头和带刺的尾巴战斗可不是什么好玩的事，不过拥有强大下颌的南方巨兽龙胜过慢吞吞的剑龙。在经过惨烈的一战之后，南方巨兽龙获胜。

南方巨兽龙获胜！

你知道吗？
就大脑与身体的比例而言，剑龙的大脑尺寸在所有恐龙中是最小的。它的大脑跟一颗核桃一样大。

不要被迷惑
有一种恐龙的名字和南方巨兽龙（giganotosaurus）的很像，叫作巨太龙（gigantosaurus）。巨太龙是蜥脚类动物。

魁纣龙生活在距今大约一亿年前。在现实生活中，魁纣龙绝对不会遇到霸王龙。霸王龙生活的时代晚一些。由于生活的时代更早，魁纣龙的大脑也没有霸王龙的发育得好。

小百科

魁纣龙（tyrannotitan）的意思是大暴君。

① 魁纣龙对战霸王龙 ⑥

回合 ① 场次 ⑥

所有人都知道这种恐龙的名字，霸王龙可是名气最大的恐龙。去吧，霸王龙，去吧！

小百科

霸王龙（tyrannosaurus rex）生活在距今大约 6 500 万年前。

霸王龙更聪明。它跑向魁纣龙，一口咬掉了魁纣龙的胳膊。魁纣龙震惊了。

未解之谜

谁也不知道为什么霸王龙有两条小手臂，而且只有两根手指。

霸王龙决定好下一步的动作之后，立刻开足马力，一口咬下了魁纣龙脖子上的一大块肉。战斗结束！

霸王龙获胜！

角，到处都是角！想咬这只恐龙的脸，肯定会受伤的。刺盾角龙是食草恐龙，它的牙齿能完美地切割和咀嚼植物。

小百科

刺盾角龙（styracosaurus）的小的角被称作刺。

小百科

食草类动物以植物为食。

刺盾角龙对战棘龙

回合 1
场次 7

这是有刺恐龙之间的对战。

小心棘龙！棘龙可能是拥有最完美战斗体形的恐龙。它速度快、强壮、轻巧，而且身体很长。它的颌骨上长着大大的牙齿，而且还会游泳。

恐龙的颜色

谁也不知道恐龙到底是什么颜色的，也不知道它们是否是色彩斑斓的。

很多恐龙迷希望棘龙获得冠军。棘龙既可以在陆地上，也可以在水中狩猎。去吧，棘龙，去吧！

棘龙与刺盾角龙正面交手！哎哟！这么多尖角！二者都受伤了。刺盾角龙速度太慢了。

小百科
棘龙（spinosaurus）的意思是有棘的蜥蜴。

小百科
刺盾角龙的嘴巴像鸟喙。

灵巧的棘龙偷偷转到刺盾角龙背后，一口咬在刺盾角龙的尾巴骨上。刺盾角龙流血了。战斗结束！没有悬念。速度战胜了刺角。

棘龙获胜！

全球已经发现了很多异特龙化石。美国犹他州的一处挖掘现场就出现了 60 种不同的异特龙化石。这种恐龙吃肉，并且用两条腿走路。脊椎骨的形状和其他恐龙的不太一样。我们到现在还不知道异特龙是群体狩猎还是单独狩猎。

小百科

脊椎指的是动物的脊梁骨。

小百科

异特龙（allosaurus）的意思是不同的蜥蜴。

回合 ① 异特龙对战迷惑龙 场次 ⑧

迷惑龙是蜥脚类恐龙，尾巴像牛鞭一样。这只大家伙走路的时候，声音听起来肯定跟打雷差不多。

小百科

迷惑龙（apatosaurus）的意思是骗人的蜥蜴。人们有时候会把迷惑龙与雷龙搞混，雷龙（brontosaurus）的意思是带雷声的蜥蜴。

异特龙跑了起来，张开嘴巴，跳向迷惑龙。迷惑龙体形巨大，大约有 23 到 26 米长。迷惑龙能够很好地保护自己，它正等待着异特龙再次进攻。迷惑龙转了转身体，四肢就位，摆动着尾巴。唰唰！

迷惑龙的尾巴抽到了异特龙的脖子，把异特龙扫了出去。又一次尾巴暴击！呼呼！唰唰！这条大尾巴太有力了！异特龙的脖子断了。

迷惑龙获胜！

迷惑龙虽然脑袋小，大脑也小，但是它赢了。

进入第二回合比赛！只有八只恐龙留了下来。钉状龙身披尖利的武器，看上去像是能够承受攻击伤痛的样子，虽然看着一点都不可爱，也不讨人喜欢。

小百科

研究化石和史前生命的科学家被称为古生物学家。

钉状龙对战背甲龙

背甲龙的盔甲和背板能起到很好的防御作用。背甲龙看着像一台坦克。它的身体很低，贴着地面，很难被攻击，脖子甚至都覆盖着角。

小百科

背甲龙的体形是钉状龙的两倍。

这两头恐龙都是食草恐龙，不会吃掉对方，那它们为什么要战斗呢？或许是为了争夺领地、食物或者水源。

小一些的钉状龙用尾巴击中了背甲龙。钉状龙的尾巴从背甲龙的铠甲上弹开。背甲龙靠近了，摇动着自己像锤子一样的尾巴，砸断了钉状龙的腿骨。咔咔！咔咔！钉状龙倒地。

小百科

在地质时间上，侏罗纪时期开始于大约 2 亿年前。

背甲龙获胜！

背甲龙进入恐龙四强赛。

这场战斗粉丝们期待已久。南方巨兽龙比霸王龙的体形大多了，外观类似。南方巨兽龙拥有巨大的下颌和强壮的腿。

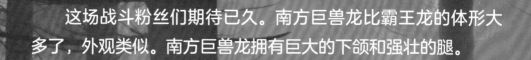

小百科

南方巨兽龙每条小胳膊上都有三根手指。

南方巨兽龙对战霸王龙

霸王龙有个优势：下颌更加有力。或许霸王龙像虎鲸，也就是鲸鱼杀手——完美的狩猎机器。

小百科

霸王龙有四根脚趾，跟鸡爪一样。三根脚趾在前，一根脚趾在后。

　　南方巨兽龙走向霸王龙。霸王龙很少能遇上可以匹敌的对手。霸王龙假装撕咬南方巨兽龙，却突然摆动身体，用沉重的尾巴狠狠地抽了南方巨兽龙一下。霸王龙展开了攻击，让南方巨兽龙始料未及——臀部撞击！就在南方巨兽龙失去平衡的时候，霸王龙咬住了南方巨兽龙的脖子。霸王龙才不会输！

霸王龙获胜！

我们再次迎来了食肉动物与食草动物之间的对决。我们可以这样描述这场战斗。

- 食肉类对战食草类
- 大嘴巴对战小嘴巴
- 两条腿对战四条腿
- 肉食者对战素食者

小百科

动物界的素食者指的是以植物及其他谷物等为食的动物。

你知道吗？

永川龙的体重能达到3吨。

回合②　永川龙对战超龙　场次③

超龙是曾在陆地上行走的最大的动物之一。超龙的体重能达到40吨，尾巴能有12米长，脖子比尾巴还要长。

你知道吗？

极龙、巨太龙、腕龙、阿根廷龙和梁龙等蜥脚类恐龙本来也可以出现在这本书上。它们该如何与具有攻击性的、牙齿锋利的肉食者对决呢？它们的体重和身高是巨大的优势。

就在永川龙跳起来，企图咬下超龙的一块肉时，超龙小跑向对手，准备将永川龙踩在脚下。40吨可不是个小重量。超龙的身体高高在上，永川龙很难够到。超龙用自己的长脖子狠狠地撞向永川龙这只小恐龙，接着抬起后腿，用脚压扁了永川龙。

小百科

三叠纪开始于大约2.5亿年前。

永川龙的肋骨和腿都断了。再见，永川龙！

超龙获胜！

超龙是第三位获得恐龙四强赛入场券的。

迷惑龙是一种大型恐龙，一天能吃下 360 千克的蔬菜。迷惑龙的身长有 23 米。科学家们认为迷惑龙能一直生长。

回合 ②　迷惑龙对战棘龙　④ 场次

你知道吗？
棘龙可能和古代鳄鱼战斗过。

棘龙能够让你感受到浑身发抖的恐惧。棘龙速度快，身体长，而且强壮的下颌上长着可怕的牙齿，比霸王龙体形要大。棘龙首先要击败迷惑龙。

棘龙走近迷惑龙，不过并未走进迷惑龙脑袋和鞭子般的尾巴的"射程"范围之内。就在迷惑龙转头的时候，棘龙跳起来，在迷惑龙肩膀上咬开了一个大口子。迷惑龙的肩膀开始流血。棘龙跑向另一边，又咬了一口。

棘龙获胜！

四强赛就要来了！

恐龙四强赛

这头皮肤粗糙的食草动物能够闻到霸王龙的存在。它知道霸王龙不是好惹的。

回合 3 背甲龙对战霸王龙 场次 1

霸王龙年轻的时候，曾被背甲龙的尾巴扫到过，现在还没忘记脑袋顶上的疼痛。

25

霸王龙脑袋朝下，全速奔跑。哗啦！霸王龙知道背甲龙的盔甲很坚硬，很难咬透。霸王龙需要把背甲龙掀翻在地，这样就能够咬伤对手柔软的腹部。背甲龙现在翻倒在地上，很无助。

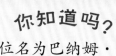

你知道吗？
一位名为巴纳姆·布朗的恐龙猎人发现了第一块背甲龙和霸王龙化石。

霸王龙获胜！

霸王龙咬了一大口，挺近冠军赛。

超龙走近棘龙的时候，听上去像是打雷了。轰隆！轰隆！轰隆！随着超龙的脚步一声又一声。

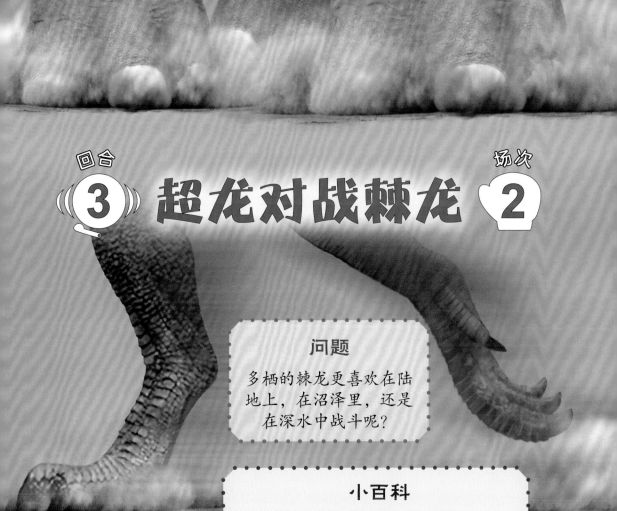

超龙对战棘龙

回合 **3**　场次 **2**

问题

多栖的棘龙更喜欢在陆地上，在沼泽里，还是在深水中战斗呢？

小百科

多栖指的是能够适应不同的环境。

棘龙速度很快地跑向超龙，在超龙的前腿和后腿之间展开攻击。

棘龙拥有足够的力气。棘龙咬一口，然后后退；再咬一口，再次后退。棘龙避开了超龙巨大的尾巴和长长的脖子。这需要时间，不过超龙失血过多，最终倒下了。

棘龙获胜！

进入决赛！

冠军赛！

霸王龙对战棘龙

长脖子都不在了！盔甲恐龙都不在了！食草恐龙都不在了！带刺的恐龙都不在了！带板子的恐龙都不在了！

这场战斗是读者们和恐龙们期待已久的——下颌之战！

霸王龙的下颌更强壮、更宽。棘龙的身体更长、更瘦，下颌也更长。两头恐龙的嘴巴里都遍布尖利的牙齿。霸王龙发动了，但是速度更快的棘龙跳出了霸王龙的攻击范围。

棘龙猛地向前冲去，咬住了霸王龙的下颌。棘龙的咬肌比霸王龙张口的肌肉力量要强大多了。

棘龙更加用力地、更深地咬住霸王龙。现在霸王龙根本无法还口。棘龙保持姿势，用自己的长手臂抓着霸王龙。霸王龙输了。

棘龙获胜！

这不过是其中一种可能的战斗结果。亲爱的小读者，如果是你，你会如何书写结局呢？

SCHOLASTIC

WHO WOULD WIN

猜猜谁会赢

动 物 大 混 战

[美] 杰瑞·帕洛塔（Jerry Pallotta） 著   [美] 罗布·博斯特（Rob Bolster） 绘   纪园园 译

游隼对战红尾鹰

中信出版集团 | 北京

图书在版编目（CIP）数据

游隼对战红尾鹰 / （美）杰瑞·帕洛塔著 ；（美）罗
布·博斯特绘 ；纪园园译 . -- 北京 ：中信出版社，
2021.7（2024.12重印）
（猜猜谁会赢 ：动物大混战）
书名原文 ：Who Would Win? Falcon vs. Hawk
ISBN 978-7-5217-3255-9

Ⅰ . ①游… Ⅱ . ①杰… ②罗… ③纪… Ⅲ ①鸟类—
儿童读物 Ⅳ . ① Q95-49

中国版本图书馆 CIP 数据核字（2021）第 117742 号

游隼对战红尾鹰
（猜猜谁会赢 ：动物大混战）

著　　者：[美] 杰瑞·帕洛塔
绘　　者：[美] 罗布·博斯特
译　　者：纪园园
出版发行：中信出版集团股份有限公司
　　　　　（北京市朝阳区东三环北路27号嘉铭中心 邮编 100020）
承 印 者：北京尚唐印刷包装有限公司

开　　本：787mm×1092mm　1/16　　　印　　张：20　　　字　　数：350 千字
版　　次：2021 年 7 月第 1 版　　　　　印　　次：2024 年 12 月第 8 次印刷
京权图字：01-2021-3866
书　　号：ISBN 978-7-5217-3255-9
定　　价：130.00 元（全 10 册）

出　　品：中信儿童书店
图书策划：红披风
策划编辑：吕晓婧　　　　　　责任编辑：徐芸芸　　　　　　营销编辑：易晓倩　张旖旎　李鑫橦
装帧设计：谭潇　李晓红　颂煜图文

如果隼和鹰相遇，会发生什么呢？如果二者打一架，你觉得谁会赢？

你好，隼！

隼、鹰、猫头鹰、鸢和雕都是猛禽。猛禽指的是能杀死并吃掉其他动物的鸟。

下面是几种隼科的鸟。

阿穆尔隼

游隼

小百科

每只鸟都有两只翅膀。

矛隼

拟游隼

黑隼

小百科

所有的鸟都
有羽毛。

澳洲灰隼

草原隼

隼也被称作捕食鸟，捕食其他动物。

你好，鹰！

鹰也是猛禽，也是以捕食为生的鸟。还有一些鸟吃种子，一些鸟吃水果。下面是一些不同种类的鹰。

红尾鹰

苍鹰

栗翅鹰

黑鸡鵟

库柏鹰

小百科

秃鹰、海猎鹰和鸢也是鹰。

斑尾鵟

你知道吗？

鹗也被称作鱼鹰。

鹗

初识隼

这是一只游隼。

拉丁学名是 *Falco peregrinus*。

地球上飞得
最快的动物

游隼就是为速度而生的，俯冲速度能达到每小时 322 千米。

游隼是地球上俯冲速度非常快的动物。

猎豹的奔跑速度能达到每小时 112 千米。

游得最快的鱼

跑得最
快的陆
地动物

旗鱼的游速能达到每小时 145 千米。

奥运会短跑运动员的瞬时速度能达到每小时
43 千米。

跑得最快的人

初识鹰

这是一只红尾鹰。

拉丁学名是 *Buteo jamaicensis*。

如果你想找红尾鹰，抬头看，找找路边光秃秃的树枝上吧。红尾鹰通常待在高处，它们希望能看到所有的方向，这样就能够躲避捕食者，并捕捉猎物。

当红尾鹰看到地面的猎物时，会俯冲向地面，试图用鹰爪抓住猎物。

小百科

鹰爪前端长有长长的、尖锐的、弯曲的尖甲。人类没有尖甲。

空中

隼寻找鸟作为自己的美食。游隼在空中的攻击速度极快，先是用喙，接着用爪子抓住猎物。游隼的食物范围很广，包括各种体形较小、速度较慢、力量较弱的鸟。

一群
一队鸟也可说成一群鸟。

你知道吗？
鸟类的家被称作鸟巢。隼的鸟巢非常简单，甚至就是一处缝隙。

隼常常会在高高的悬崖上，找一个裂缝当自己的鸟巢。

地面

鹰从空中攻击地面的动物，鹰爪先行。鹰会用长长的、尖利的鹰爪抓住甚至刺伤猎物。

小百科

红尾鹰常将鸟巢建在高高的树冠上。

鹰会寻找小鼠、大鼠、田鼠、鼹鼠、青蛙、蜥蜴及其他小型动物作为食物。

大鼠

鼹鼠

田鼠

小鼠

兔子

青蛙

蛇

蜥蜴

最大

现存最大的鸟是非洲鸵鸟。非洲鸵鸟站起来能有 2.7 米高，但是却不会飞。

鸵鸟

已灭绝的最大的鸟是象鸟。科学家们认为象鸟站起来能有 3 米高，体重能达到 450 千克。身高最高的已灭绝鸟是恐鸟，站起来能有 3.6 米高。

小百科

灭绝指的是这一物种已没有存活的个体。

象鸟

恐鸟

最大的海鸟是漂泊信天翁。漂泊信天翁 3.6 米长的翼展是现存海鸟中最长的。

最小

现存最小的鸟是蜂鸟。个体的尺寸和一只大蜜蜂一样。

蜂鸟

鸵鸟蛋

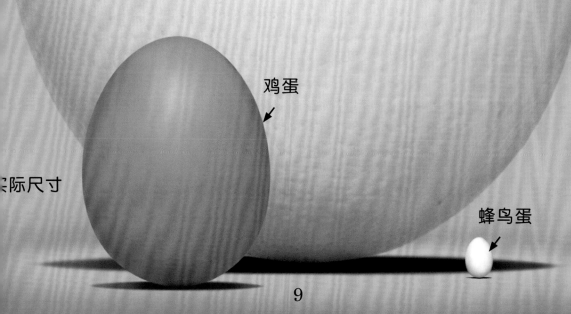

你知道吗？

蜂鸟的鸟蛋也是最小的，跟一颗咖啡豆差不多。

鸡蛋

实际尺寸

蜂鸟蛋

飞行

飞机机翼的形状和鸟类翅膀的形状类似。气流在翅膀上方的流速比下方的流速要快，这就产生了升力。升力是飞机和鸟类得以飞行的原因之一。

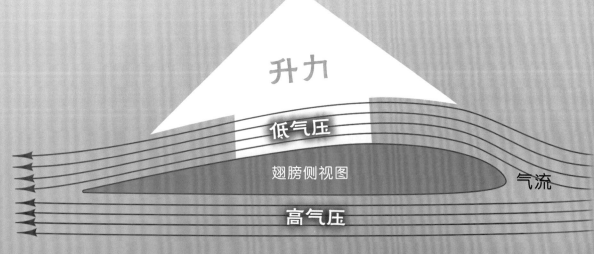

升力

低气压

翅膀侧视图

气流

高气压

小百科

企鹅是不会飞行的鸟。企鹅在海洋中的泳姿，就像是在水下飞行。

小百科

威尔伯·莱特和奥维尔·莱特在设计第一架飞机的时候，曾研究过鸟类，尤其是鸟类翅膀的结构。

另外一种创造升力的方式是调整翅膀的前端，使其向上。

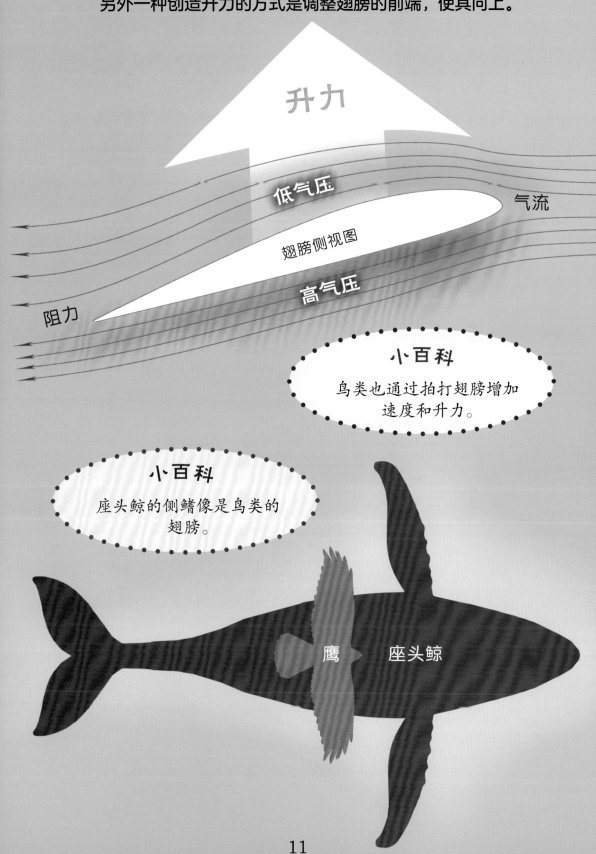

升力

低气压

气流

翅膀侧视图

高气压

阻力

小百科
鸟类也通过拍打翅膀增加速度和升力。

小百科
座头鲸的侧鳍像是鸟类的翅膀。

鹰　　座头鲸

隼的眼睛

隼的视力极好。和大多数鸟类捕食者一样，隼的视力比人的要好。

你知道吗？

隼的眼球是不能转动的。

隼能够看见 1.6 千米之外的小动物。在空中，隼能够比其他鸟更先看到对方。

鹰的眼睛

鹰的视力也非常好。鹰能够看见地面的小动物，而这时人需要用双筒望远镜才能看到。

鹰眼

有时人们用鹰眼表达视力极佳的意思。

你知道吗？

鹰也无法像人一样转动眼球。鹰如果想看运动的物体，只能转动脑袋。

隼的喙

游隼有利的武器是速度和喙。游隼的喙带钩且尖锐，而且末端像牙齿一样。

小百科

游隼带钩的喙是用来撕开皮肉的。

你知道吗？

你可以通过观察喙的形状来判断鸟的食物。

小百科

一些鸟拥有的特殊喙，能够砸开种子、吸吮花蜜或者捕食昆虫。

14

鹰的喙

红尾鹰的喙也很尖锐，专门用来撕开皮肉。

小百科

喙就是鸟的嘴巴。

小百科

所有的鸟都有喙。

小百科

一些鸟的喙能够用来凿树、抓鱼或者过滤水。

15

隼爪

一只游隼的爪子上的尖甲能有 2.5 厘米长。

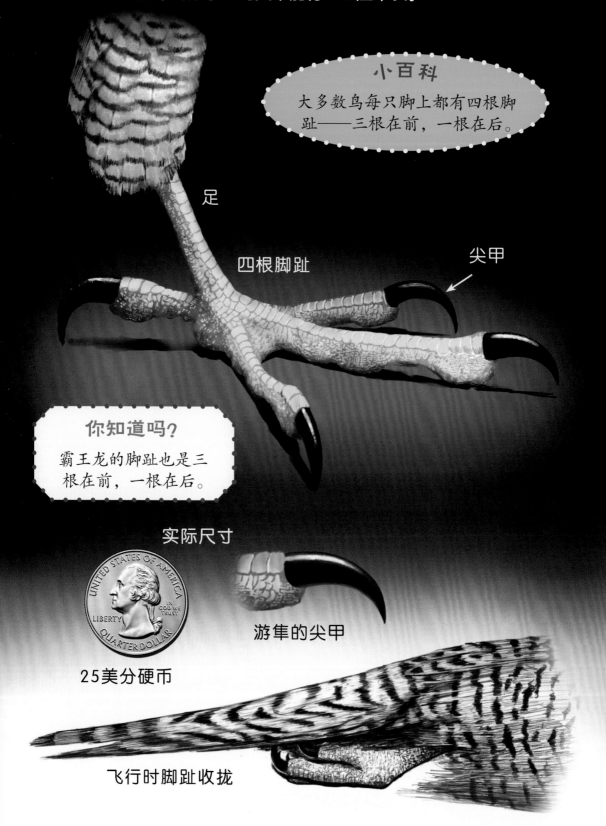

足

四根脚趾

尖甲

你知道吗？

霸王龙的脚趾也是三根在前，一根在后。

实际尺寸

游隼的尖甲

25美分硬币

飞行时脚趾收拢

鹰爪

一只红尾鹰的爪子上的尖甲能够长达 3.3 厘米。

小百科

奥杜邦协会是一个致力于保护鸟类和鸟类栖息地的组织。

小百科

雨燕是一种四根脚趾都向前的鸟。

实际尺寸

红尾鹰的尖甲

1美元硬币
（苏珊·B. 安东尼头像）

你想用尖甲替代指甲吗？

隼的速度

游隼的飞行速度能达到每小时 97 千米，而俯冲速度能达到每小时 322 千米（200 英里）。游隼能够从一千米的高空中俯冲下来。

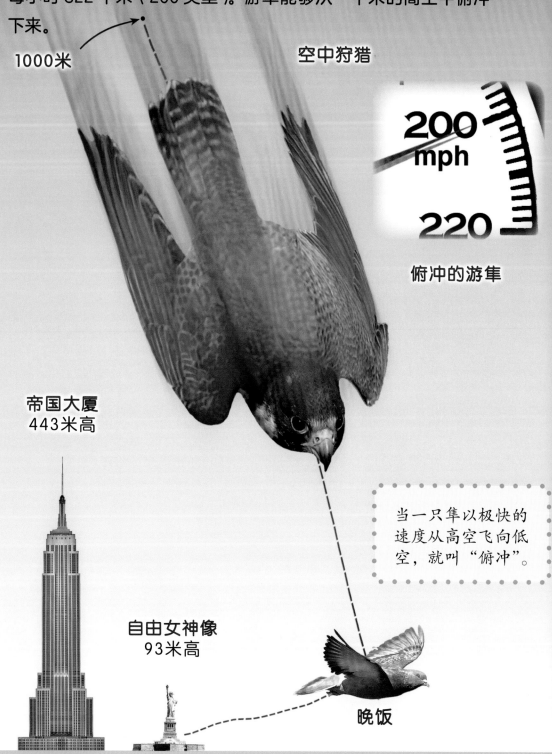

1000米

空中狩猎

200 mph

220

俯冲的游隼

帝国大厦
443米高

当一只隼以极快的速度从高空飞向低空，就叫"俯冲"。

自由女神像
93米高

晚饭

鹰的速度

红尾鹰的飞行速度大约为每小时 32 到 64 千米，但是捕食时的俯冲速度能够达到每小时 193 千米（120 英里）。

空中狩猎

俯冲的红尾鹰

放鹰狩猎

放鹰狩猎是一种让经过训练的鹰与人合作，共同狩猎的活动。

晚饭

树上狩猎

红尾鹰能够从 30 米高的上空瞄准一只小老鼠。

尾巴

无论是箭、飞机，还是直升机，都不能没有尾巴。隼想要飞行也需要尾巴。尾巴能够起到稳定飞行姿态的作用。

箭尾

气流

加速

转弯和停止

隼也能够通过活动尾巴来转弯或者转圈。

红尾鹰也有尾巴。尾巴的移动能够帮助鹰左转、右转、俯冲或飞升。

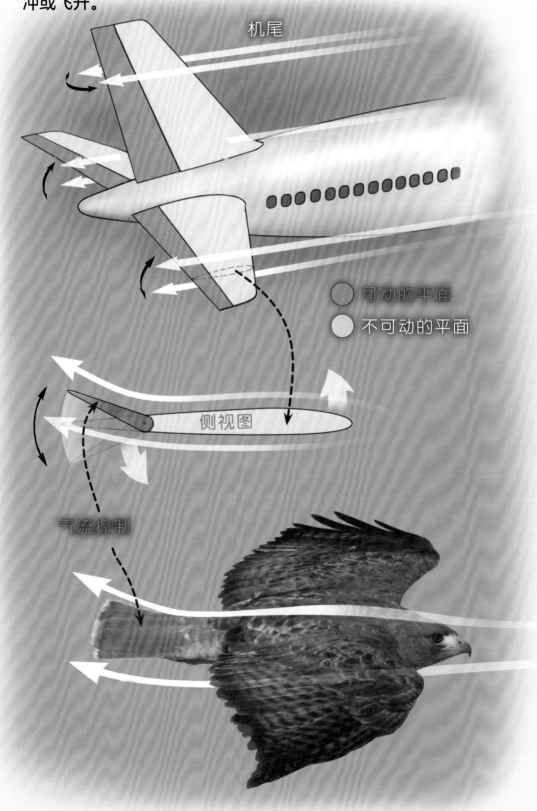

机尾

可动的平面

不可动的平面

侧视图

气流控制

隼的翅膀

隼的翅膀很瘦且细长，就像是为了达到最高速度专门设计的。

小百科

游隼有时候被称作鸭虎。

小百科

鸟类学家是研究鸟类的科学家。

隼的体重

雌性　　　　　雄性

一只成年雌性游隼的体重能达到 1.5 千克。一只雄性的体重约为 1 千克。

鹰的翅膀

红尾鹰的翅膀很宽。宽阔的翅膀能够帮助红尾鹰穿过树林，抓住老鼠、松鼠、青蛙及其他一些小型动物。鹰的翅膀比隼的短一些、宽一些。

鹰的体重

雌性　　　　　　　　　　雄性

一只成年雌性红尾鹰的体重能达到 1.45 千克。一只雄性的体重约为 1.27 千克。和隼一样，雌性比雄性重。

著名的隼

美军将自己最优秀的战斗机之一命名为战隼。这种战机在空中进攻的样子很像隼。战隼同样可以快速改变速度和方向。

F-16战隼

也有运动队将自己的队伍命名为隼。

亚特兰大隼队头盔

隼图案邮票

著名的鹰

也有一些运动队的名字叫作鹰。美国职业橄榄球大联盟中有一支球队就叫作西雅图海鹰队。美国职业篮球联赛中有一支球队叫作亚特兰大老鹰队。

西雅图海鹰队队标

亚特兰大老鹰队队标

红尾鹰图案邮票

有一种直升机就叫作黑鹰。这是以印第安部落首领黑鹰的名字命名的。

黑鹰直升机

25

一只红尾鹰蹲在一棵枯树的树顶，寻找着可以果腹的老鼠。这种姿势我们称为栖木。这只体形较大的红尾鹰没有注意到在它上方 300 米有一只小一些的游隼。红尾鹰起飞了。

红尾鹰专心寻找着食物，或许树下的某个地方有一只美味的松鼠宝宝。红尾鹰从不抬头看。

游隼锁定了这只红尾鹰。游隼准备俯冲，目光像激光一样聚焦。

游隼仿佛一支火箭一样冲了下来。

红尾鹰根本不知道是什么撞了自己！啊！游隼折断了红尾鹰的翅膀。

就在红尾鹰试图纠正飞行路线的时候，游隼再次俯冲下来。这次直接命中！哇！红尾鹰失去控制，跌落下去，再也无法飞起来了。

红尾鹰掉在地上，受了重伤。

经过地面上短短的交锋之后，游隼最终吃掉了红尾鹰，还把一些红尾鹰肉带回给在鸟巢里嗷嗷待哺的雏鸟们。

游隼获胜！

实力大比拼
参数对比

游隼		红尾鹰
☐	速度	☐
☐	眼力	☐
☐	翅膀结构	☐
☐	爪子	☐
☐	体重	☐
☐	喙	☐
☐	高度	☐
☐	态度	☐

这不过是其中一种可能的战斗结果。亲爱的小读者，如果是你，你会如何书写结局呢？

WHO WOULD WIN

猜猜谁会赢

动物大混战

〔美〕杰瑞·帕洛塔（Jerry Pallotta） 著 　〔美〕罗布·博斯特（Rob Bolster） 绘 　纪园园 译

三角龙对战棘龙

中信出版集团 | 北京

图书在版编目（CIP）数据

三角龙对战棘龙 /（美）杰瑞·帕洛塔著 ；（美）罗
布·博斯特绘 ；纪园园译 . -- 北京 ：中信出版社，
2021.7（2024.12重印）
（猜猜谁会赢 ：动物大混战）
书名原文 ：Who Would Win? Triceratops vs.
Spinosaurus
ISBN 978-7-5217-3255-9

Ⅰ. ①三… Ⅱ. ①杰… ②罗… ③纪… Ⅲ. ①恐龙—
儿童读物 Ⅳ. ① Q915.864-49

中国版本图书馆 CIP 数据核字（2021）第 119233 号

三角龙对战棘龙
（猜猜谁会赢：动物大混战）

著　者：[美] 杰瑞·帕洛塔
绘　者：[美] 罗布·博斯特
译　者：纪园园
出版发行：中信出版集团股份有限公司
　　　　　（北京市朝阳区东三环北路27号嘉铭中心 邮编 100020）
承 印 者：北京尚唐印刷包装有限公司

开　本：787mm×1092mm　1/16　　　印　张：20　　　字　数：350 千字
版　次：2021 年 7 月第 1 版　　　　印　次：2024 年 12 月第 8 次印刷

京权图字：01-2021-3866
书　号：ISBN 978-7-5217-3255-9
定　价：130.00 元（全 10 册）

出　品：中信儿童书店
图书策划：红披风
策划编辑：吕晓婧　　　　　责任编辑：徐芸芸　　　　　营销编辑：易晓倩　张旖旎　李鑫橦
装帧设计：谭潇　李晓红　颂煜图文

数亿年前，恐龙还在地球上行走。如果三角龙和棘龙相遇，会发生什么呢？如果二者大打出手，你觉得谁会赢呢？

初识三角龙

三角龙名字的含义是有三只角的脸。三角龙是食草恐龙，用四条腿走路，嘴很像鸟喙。

小百科
食草恐龙是一种以植物为食的恐龙。

小百科
现在的短吻鳄等鳄鱼的腿是从体侧长出来的。

你知道吗？
所有恐龙的腿都是直接长在身体下方的。

三角龙的尾巴不是很长。四条腿让三角龙看上去拥有很好的平衡。

初识棘龙

棘龙的意思是有刺的蜥蜴。棘龙的脊背非常长，由许多脊柱骨，或者说骨板组成。棘龙后背高高的脊柱骨形成了一个帆形。棘龙是食肉动物。

小百科
食肉动物指的是吃肉的动物。

你知道吗？
棘龙是体形最长的食肉恐龙。抱歉了，霸王龙，你还是小了点儿。

棘龙生活在沼泽地带，或许是非常优秀的游泳选手。它嘴巴的形状非常适合捉鱼。

古生物学

古生物学指的是通过挖掘和研究化石，从而研究过去的生物的科学。我们怎么知道地球上曾经生活着恐龙呢？因为在挖掘过程中，人们发现了一些化石骨头。这些骨头与地球上现存的动物都不一样，而且大很多。

这是化石发掘过程中，古生物学家们发现的一副恐龙骨架化石。有时候，人们只能找到一些碎片，很难辨认是什么恐龙。

小百科
动物骨头、牙齿或者其他的身体部分，保存在岩石或矿物中，历经上万甚至上亿年而形成化石。

小百科
古生物学家是通过化石或者岩层研究过去的生物的科学家。

考古学

考古学家挖掘，挖掘，还是挖掘，从而发现埋在地下的建筑物和城市等。有时，在挖掘某个遗迹的时候，考古学家会发现一些已灭绝的生物的化石。

你更想在哪里工作呢？恐龙挖掘现场还是古代城市挖掘现场？如果你发现了一种新的恐龙，你会取个什么名字呢？

小百科
考古学家是通过挖掘古代遗迹，从而对古代民族和文化进行研究的科学家。

电子工具

一些现代工具，例如人造卫星和声呐都被用在寻找和发现恐龙化石上。

人造卫星

人造卫星向地球发射信号。

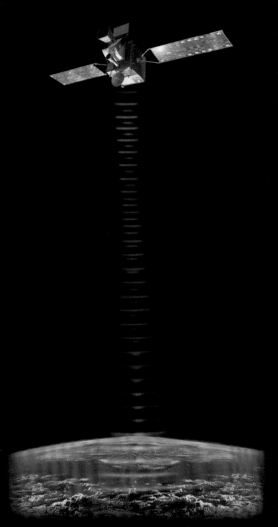

声呐

一位持声呐的科学家正向地下化石发射声波。

电子脉冲和声波能够找到特殊的地点，从而展开挖掘。

小百科
人造卫星和声呐也能够用来寻找石油和天然气。

常规工具

做这样一份艰苦的工作一点儿也不容易。最终，古生物学家和考古学家还是得让双手和衣服沾满泥土。他们利用凿子、泥铲和铁铲挖掘。

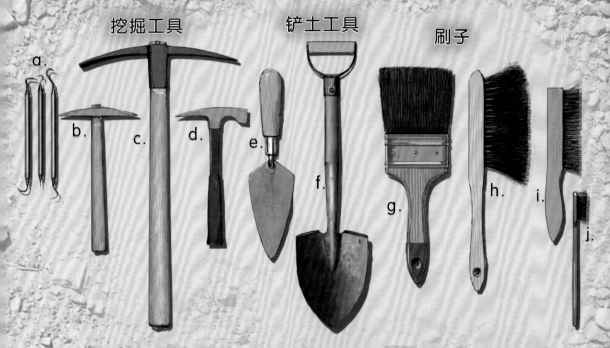

挖掘工具　铲土工具　刷子

小细节很重要。大工具最终会被弃置一旁。学者们会仔细地使用刷子、放大镜及其他一些小工具挖掘，以保存重要的信息。

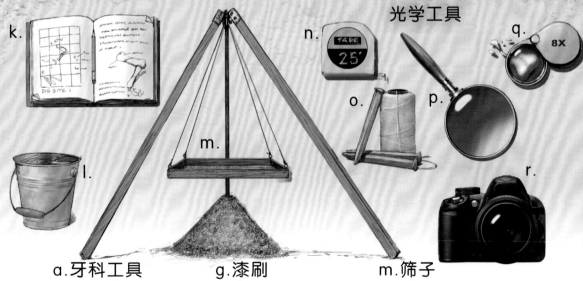

光学工具

a.牙科工具	g.漆刷	m.筛子
b.岩石镐	h.尘刷	n.卷尺
c.鹤嘴锄	i.钢丝刷	o.线、木钉
d.镐锤	j.牙刷	p.放大镜
e.手铲	k.笔记本	q.珠宝放大镜
f.铁铲	l.水桶	r.相机

很大

三角龙有多大呢？很大！比大部分大象还要大！三角龙大约有 9 米长，3 米高，重达 12 吨。

三角龙

小百科
三角龙比现在地球上最大的陆地动物——非洲象都要大。

12 吨相当于 12 000 千克。

老师

大象

你知道吗？
最早被命名的恐龙是巨齿龙。

巨大

棘龙有多大呢？巨大！它比长颈鹿还要高，比座头鲸还要长。棘龙能长到 18 米长，重达 9 吨。

棘龙

你知道吗？
第二种被命名的恐龙是禽龙。

幼儿园小孩

长颈鹿

你知道吗？
并非所有的恐龙都很巨大。有一些成年恐龙，例如秀颌龙，比幼儿园小朋友还要小。

恐龙

在 19 世纪晚期，两位最有名的恐龙猎人——奥思尼尔·查尔斯·马什和爱德华·德林克·科普忙于寻找恐龙化石。他们两人最初是朋友，最终却变为死敌。

你知道吗？
马什和科普从未找到过一颗恐龙蛋。

你知道吗？
他们也从未找到过一头年幼的恐龙。

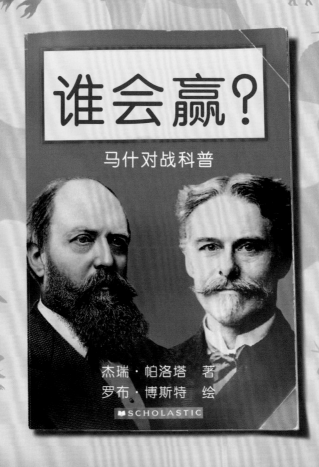

谁会赢？

马什对战科普

杰瑞·帕洛塔 著

罗布·博斯特 绘

MSCHOLASTIC

两人共发现超过 100 种新的恐龙。不少书籍和电影都曾讲述过这两位科学家的故事。

猎人

马什为耶鲁大学的皮博迪自然历史博物馆寻找化石。科普为费城的自然科学院寻找化石。下面是他们发现的一些恐龙：

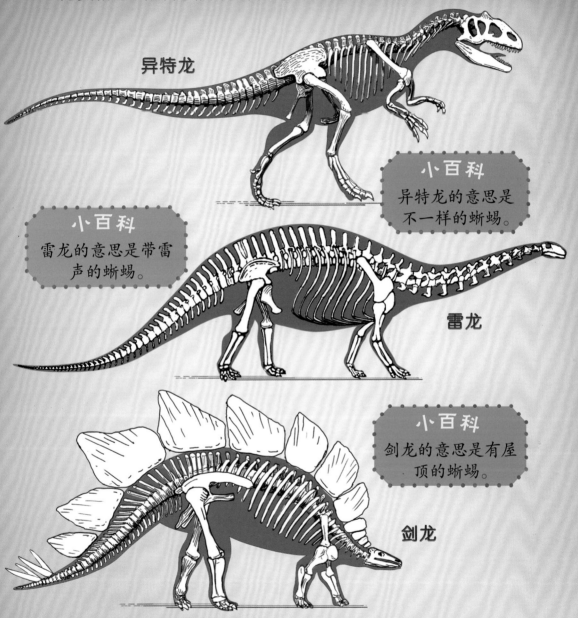

异特龙

小百科
异特龙的意思是不一样的蜥蜴。

小百科
雷龙的意思是带雷声的蜥蜴。

雷龙

小百科
剑龙的意思是有屋顶的蜥蜴。

剑龙

二人发现的大多数恐龙化石都在美国西部，包括犹他州、怀俄明州和科罗拉多州。

三角龙骨架

这是一副三角龙的骨架。在北美洲被发现的。

你知道吗?
三角龙的上牙和下牙能像剪刀一样剪东西,这让它能够吃非常硬的植物。

仔细观察三角龙的骨架。想想自己的骨架,你觉得和三角龙的骨架有什么相同点吗?骨架的宽度、手部、尾巴和嘴巴呢?不像。那四肢、脊椎和肋骨呢?像!你能想到更多共同点吗?

你知道吗?
恐龙并非唯一灭绝的动物。

棘龙的骨架

这是一副棘龙的骨架，在非洲大陆的摩洛哥被发现的。

你知道吗？
与大多数同体形的恐龙相比，棘龙更瘦一些。

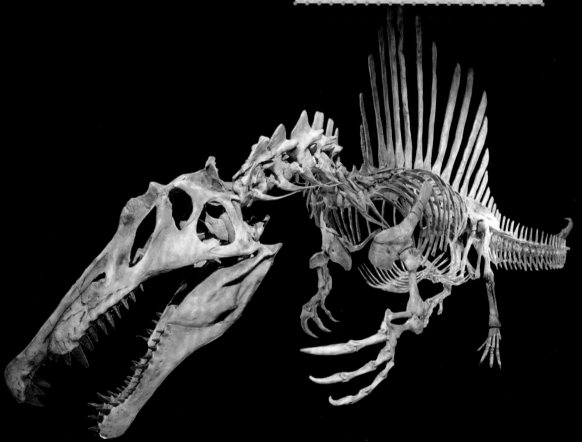

注意到棘龙有多瘦了吧？棘龙像不像一条鱼？再仔细看看，你和棘龙的骨架有什么相同点吗？棘龙的脊背、三根手指还是瘦瘦的下颌？不像。那两条腿和肋骨呢？像！脚指甲？或许！其他的呢？想一想！

小百科
棘龙直到1912年才被人们发现。

小百科
并非所有的动物都有骨架。

角龙亚目

角龙指的是有角的脸。三角龙属于一类叫作角龙亚目的恐龙。

小百科
牛角龙的头骨是所有曾在地球上生活的动物中最大的。

牛角龙

鹦鹉嘴龙

纤角龙

刺盾角龙

小百科
这些种类的恐龙也属于角龙。

五角龙

兽脚亚目

棘龙属于一类叫作兽脚亚目的恐龙。其他兽脚亚目的恐龙包括南方巨兽龙、霸王龙和伶盗龙等。

小百科
兽脚一词的意思是野兽的脚。

南方巨兽龙

霸王龙

跳龙

小百科
多数兽脚亚目的恐龙是食肉的。

伶盗龙

似鸡龙

15

什么颜色？

现在，谁也不知道上亿年前的恐龙到底是什么颜色。

小百科

体色很重要，能帮助恐龙藏身，或者找到伴侣。一些颜色能够吸收或反射光，从而帮助恐龙调节体温。

你知道吗？

大多数恐龙书和电影将恐龙刻画为暗色或者灰色。没有办法知道这些颜色是否正确，毕竟今天的爬行类动物的颜色是丰富多彩的。

你认为三角龙是什么颜色的呢？在动物王国，雄性的颜色往往和雌性的颜色不同。

什么图案?

很少有证据能够表明恐龙皮毛的图案是什么样的。

想一想

现在有斑纹的动物包括斑马、斑马鱼、斑马贻贝、斑纹草雀、斑纹长翅蝶和豹纹鲨。会不会棘龙也长着斑马纹呢?

猜测

没准儿棘龙的花纹跟奶牛的一样呢。

真想知道

拜托,如果有人乘上时光机回到过去,请告诉我恐龙到底是什么颜色的。

想想现在活着的动物种类和颜色的多样性,棘龙可能是任何一种颜色和花纹的。

哪里，哪里？

1923 年的蒙古，一窝恐龙蛋化石被发掘出来。不过，还是没有找到恐龙幼崽或小恐龙的化石。

你知道吗？

在 1859 年的法国，一位古生物学家发现了一个巨大的化石蛋。他以为自己找到了一个巨大的鸟蛋。现在我们知道，他发现的是恐龙蛋。

这可让科学界纳闷了。恐龙宝宝们去哪里了？年少的恐龙呢？这真是个谜题。

认识杰克·霍纳

杰克·霍纳在六岁时，发现了他的第一块恐龙骨头。

成年后，杰克担任了《侏罗纪公园》电影的技术顾问。

杰克·霍纳可能是在世的最伟大的恐龙猎人。

孩子们去哪里了？

1978 年，杰克·霍纳推断，如果成年恐龙和捕食者们沿海岸线生活，那么恐龙母亲和宝宝们则肯定生活在山麓丘陵地带。

杰克挖掘了蒙大拿的山麓丘陵。这一地区曾经是 1.5 亿年前的海岸。虽然费了一些时间，但事实证明他是对的。杰克找到了一只恐龙宝宝的下颌骨。这也引导他们找到了一只慈母龙的"育儿所"。这些化石证明，慈母龙照顾自己的孩子。

青年恐龙的下颌骨

慈母龙胚胎

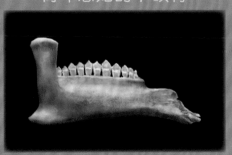

杰克也是第一个找到恐龙胚胎的人。

三角龙的速度

三角龙看上去会跑得很慢，不过其实可能跑得很快。一只犀牛的速度能达到每小时 48 千米，没准儿三角龙的跑速是这个速度的一半。

脚印的形成

我们是怎么获得恐龙脚印的呢？恐龙走在泥地或黏土上，后来泥巴干了，很多年后，泥巴成为岩石，这些脚印就保存了下来。

你知道吗？
恐龙的脚印是一种遗迹化石。遗迹化石指的是恐龙或其他生物留下的印记变成的化石。

棘龙的速度

现存最快的两脚动物是鸵鸟，它每小时能跑 72 千米。棘龙每小时只能跑 24 到 32 千米。

脚印的研究

我们能从恐龙脚印中了解到什么呢？恐龙脚印之间是没有线的，也就是说恐龙并不会拖着尾巴行走。

你知道吗？
如果你去美国国家公园看恐龙脚印，那说明你正走在恐龙曾经漫步的地方。

21

防御盔甲

三角龙最好的描述可能是有角的食草恐龙。

盾
三角龙的脑袋上有一副可能用于自卫的盾。

角
还有带尖的角。

四条腿
在三角龙的"军械库"里，四足站立，保持身体稳定也是一种武器。

攻击武器

棘龙拥有强大的武器。

咬
长长的下颌上，长着锐利的尖牙。

撕
长长的趾上长着锋利的尖甲。

甩
长长的尾巴用来甩或者游泳（科学家们还不确定）。

三角龙正忙着吃绿叶呢。棘龙溜达着寻找食物。两只恐龙都看到了对方。三角龙准备溜走。

棘龙小跑着过去准备进攻。三角龙跑开了。这只食草恐龙可不想开战。

棘龙轻松地追上并一口咬住了三角龙。

三角龙挣脱后转过头来面对棘龙。两只恐龙前后推搡着，开始摔起跤来。

三角龙猛地冲向棘龙。双方激烈地战斗着。

这是一场敏捷与颈盾的对决，尖牙利爪与角的对决。

不远处，一座火山爆发了。不！烟太大了，谁也看不见发生了什么。岩浆落了下来。

火山灰和岩浆埋葬了两只恐龙。可是到底发生了什么？

　　1亿年后，答案揭晓。我们来到恐龙发掘现场。古生物学家们挖出了一对恐龙化石。谁赢得了战斗？翻到下一页获取答案。

实力大比拼
参数对比

三角龙		棘龙
☐	体形	☐
☐	速度	☐
☐	角	☐
☐	爪子	☐
☐	体重	☐
☐	武器	☐

这不过是其中一种可能的战斗结果。亲爱的小读者，如果是你，你会如何书写结局呢？

WHO WOULD WIN

猜猜谁会赢

—— 动 物 大 混 战 ——

[美] 杰瑞·帕洛塔（Jerry Pallotta）著　　[美] 罗布·博斯特（Rob Bolster）绘　　纪园园 译

响尾蛇对战蛇鹫

中信出版集团 | 北京

图书在版编目（CIP）数据

响尾蛇对战蛇鹫 /（美）杰瑞·帕洛塔著；（美）罗
布·博斯特绘；纪园园译． -- 北京：中信出版社，
2021.7（2024.12重印）
（猜猜谁会赢：动物大混战）
书名原文：Who Would Win? Rattlesnake vs.
Secretary Bird
ISBN 978-7-5217-3255-9

Ⅰ．①响… Ⅱ．①杰… ②罗… ③纪… Ⅲ．①脊椎动
物门—儿童读物 Ⅳ．① Q959.3-49

中国版本图书馆CIP数据核字（2021）第 119506 号

响尾蛇对战蛇鹫
（猜猜谁会赢：动物大混战）

著　者：[美]杰瑞·帕洛塔
绘　者：[美]罗布·博斯特
译　者：纪园园
出版发行：中信出版集团股份有限公司
　　　　　（北京市朝阳区东三环北路27号嘉铭中心 邮编 100020）
承 印 者：北京尚唐印刷包装有限公司

开　本：787mm×1092mm　1/16　　印　张：20　　字　数：350千字
版　次：2021 年 7 月第 1 版　　　印　次：2024 年 12 月第 8 次印刷
京权图字：01-2021-3866　　　　　审 图 号：GS（2021）3453 号
书　号：ISBN 978-7-5217-3255-9
定　价：130.00 元（全 10 册）

出　品：中信儿童书店
图书策划：红披风
策划编辑：吕晓婧　　　　　责任编辑：徐芸芸　　　　　营销编辑：易晓倩　张旖旎　李鑫橦
装帧设计：谭潇　李晓红　颂煜图文

版权所有·侵权必究
如有印刷、装订问题，本公司负责调换。
服务热线：400-600-8099
投稿邮箱：author@citicpub.com

响尾蛇饿了，想抓只鸟填饱肚子。它会抓什么鸟呢？如果响尾蛇攻击这只鸟，谁会获胜呢？

猛禽

响尾蛇会攻击鹗吗？鹗常见于水边，靠自己锋利的爪子捕食鱼类。

鹗也被称作鱼鹰。

秃鹰？也就是白头海雕。它可是美国的国鸟和国家的象征之一。

你可以在一美元钞票上看到它。

鸮呢？鸮吃田鼠、地鼠及其他一些小型哺乳动物。

鸮的羽毛能让它在飞行时没有声音。

秃鹫呢？这种鸟可不漂亮，还吃腐肉。

腐肉
是死掉的动物腐烂尸体上的肉。

其他鸟类

孔雀呢？雄孔雀尾巴的羽毛太漂亮了！孔雀属于雉科鸟类。

在英文中，雄性孔雀叫作peacock。雌性孔雀叫作peahen。

野火鸡？红色肉瘤垂于喉下。

沙丘鹤？看着像是长羽毛的恐龙。

沙丘鹤的叫声特别大，几千米外都能听得见。

蜂鸟？哦！它太小了！

蜂鸟蛋的大小和一颗M&M巧克力豆差不多。

所有这些鸟看着都不够有趣？那蛇鹫呢？好奇怪的名字。我们马上就能见到它了。

3

初识响尾蛇

西部菱斑响尾蛇是一种在北美洲发现的毒蛇。它的拉丁学名为 *Crotalus atrox*。意思是凶猛的沙沙声。

响尾蛇多次脱皮后，会在尾巴尖形成响环。摇动尾巴时，响环就会发出声音。

小心！西部菱斑响尾蛇可是剧毒的毒蛇。

你可以通过皮肤鳞片的图案判断响尾蛇的种类。你见过类似菱形的皮肤图案吗？

初识蛇鹫

蛇鹫生活在非洲。它的拉丁学名为 *Sagittarius serpentarius*。和其他鸟相比，蛇鹫的食物有点儿特别——它吃蛇及其他一些动物。

蛇鹫的拉丁学名据说来源于两个星座：*sagittarius* 的意思是弓箭手（人马座），*serpentarius* 的意思是驭蛇者（蛇夫座）。

鸟类没有胳膊和手，它们有翅膀。

星座

指的是在空中能连成一些图案的星星的组合。

蛇鹫的脑袋上像插着好多根羽毛笔。这正是它的英文名书记鸟（secretary bird）的由来。

体长

西部菱斑响尾蛇能长到 2.1 米长。下图是一名篮球运动员和一条西部菱斑响尾蛇的剪影。

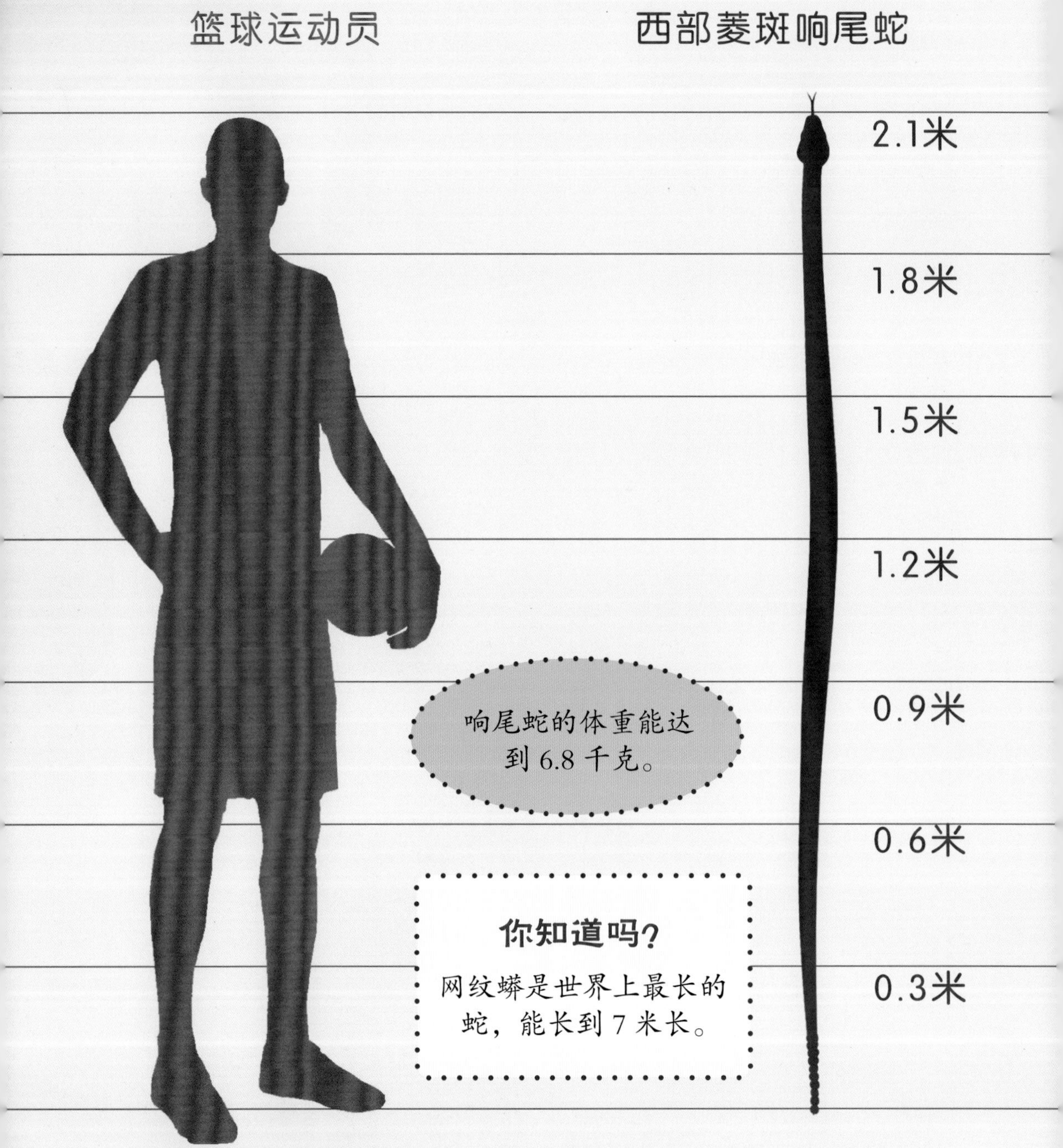

篮球运动员　　　　　　　西部菱斑响尾蛇

2.1米

1.8米

1.5米

1.2米

响尾蛇的体重能达到 6.8 千克。

0.9米

0.6米

你知道吗？

网纹蟒是世界上最长的蛇，能长到 7 米长。

0.3米

如果你听到响尾蛇的声音，要赶紧跑开。响尾蛇不是最大也不是最小的蛇，但却是毒性极强的、致命的蛇。

身高

对一只鸟来说，蛇鹫已经够高了。蛇鹫能长到 1.2 米高，这比大多数幼儿园的孩子都要高。

2.1米

1.8米

已经灭绝的恐鸟有 3.6 米高，这是已知的地球上最高的鸟。

1.5米

蛇鹫

1.2米

普通的5岁孩子

现存的最高的鸟是鸵鸟。鸵鸟的身高可达 2.7 米。

0.9米

0.6米

0.3米

蛇鹫的体重大约为 5.4 千克。

蛇鹫的身高主要是它那双长长的、纤细的腿贡献的！

爬行类

爬行动物是一种变温的脊椎动物，身上覆盖着干燥的鳞片或角质层。蛇、蜥蜴、鳄鱼和龟都是爬行动物。

你知道吗？
脊椎动物都有脊柱。

小百科
大多数爬行动物都产卵。

小百科
蛇身覆有鳞片。

响尾蛇的舌头分叉，有很多功能，能尝，能闻，还能感受温度。

鸟类

鸟是恒温的脊椎动物，长着喙，有翅膀，身上覆盖着羽毛，腿上有鳞片。

奇异鸟、企鹅、鸮鹦鹉、鸡、鸵鸟、鸸鹋、鹤鸵、象鸟和美洲鸵是不会飞的鸟。

蛇鹫的钩喙与鹰的很像。

鸟类有喙，没有牙齿。

响尾蛇骨骼

这是一副响尾蛇的骨架。肋骨、肋骨，还是肋骨！这副骨架让你想起什么了吗？

a. 螺旋弹簧

b. 软弹簧

c. 龙

d. 以上所有

人有33块椎骨，12对肋骨。

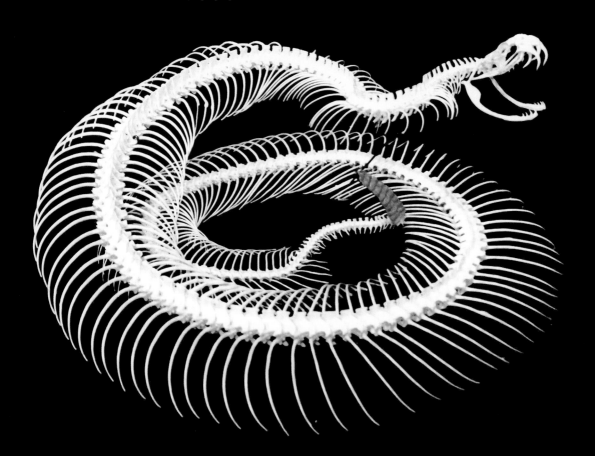

响尾蛇大约有200块椎骨和400条肋骨。

蛇的牙齿在英文中被称作fang（尖牙）。

蛇鹫骨骼

这是一副蛇鹫的骨架，它让你想起什么了吗？像不像恐龙的骨架？

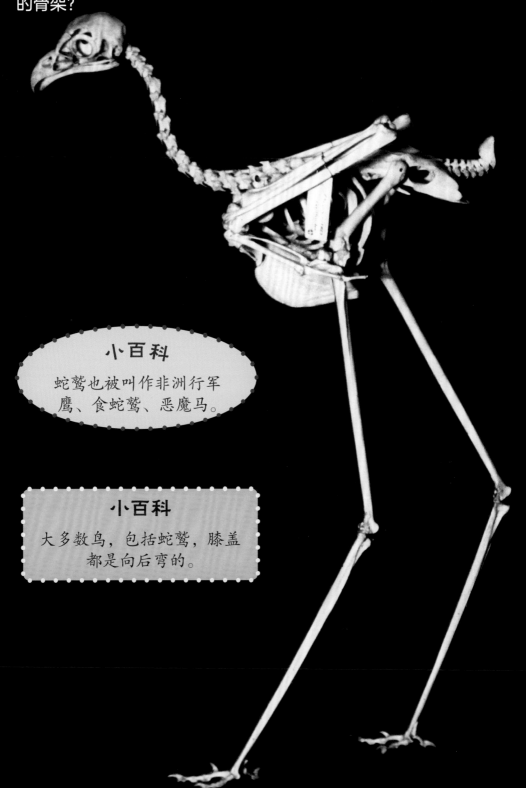

小百科

蛇鹫也被叫作非洲行军鹰、食蛇鹫、恶魔马。

小百科

大多数鸟，包括蛇鹫，膝盖都是向后弯的。

找一找

西部菱斑响尾蛇大多生活在北美的西部地区。

美国

墨西哥

 西部菱斑响尾蛇的栖息地

你知道吗？

美国得克萨斯州的甜水镇因响尾蛇泛滥成灾，每年都会举行围剿响尾蛇的比赛。

分布范围

蛇鹫主要生活在非洲的稀树草原地区。

稀树草原指的是乔木稀少的平原。

非洲

蛇鹫的栖息地

蛇鹫通常是孤独的，但也会成对或几只组成家庭一起活动。

分布范围

响尾蛇的特别之处

响尾蛇有什么特别之处吗？正是响尾！

发出响声的部位在尾巴的末端。

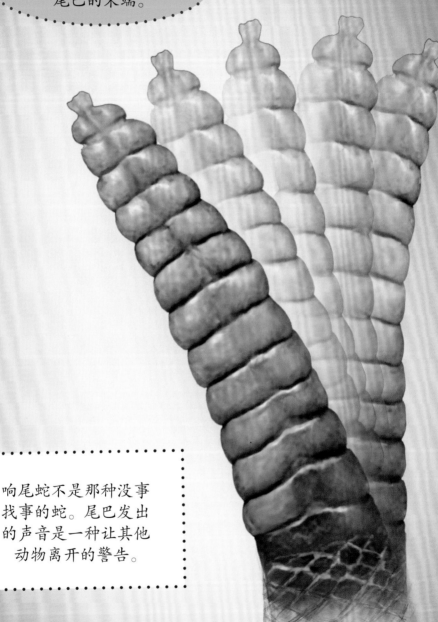

响尾蛇不是那种没事找事的蛇。尾巴发出的声音是一种让其他动物离开的警告。

响尾蛇会蜕皮，蜕皮的次数越多，响尾部位的长度越长。

蛇鹫的特别之处

蛇鹫有什么特别之处吗？蛇鹫是所有猛禽中腿最长的，而且腿的下半部分格外地细。这就保护了蛇鹫，因为蛇没什么可以下口的地方。

你知道吗？

鸟类学是研究鸟的科学。

数一数

大多数鸟的每只脚上都有四根脚趾。

蛇鹫的脚趾跟剃须刀一样锋利。小心，蛇鹫会踢人，会踩人，甚至会踢蛇！

响尾蛇的食物

响尾蛇喜欢吃小型哺乳动物。这条响尾蛇正在吃一只老鼠。

响尾蛇吃兔子、田鼠、花栗鼠、沙鼠、土拨鼠和仓鼠。

蛇根本不咀嚼，而是直接囫囵个儿地吞下食物。

寿命（野生）

年 1 2 3 4 5 6 7 8 9 10 11 12 13 14 15 16 17 18 19 20

响尾蛇喜欢吃能整个儿吞下的食物，如青蛙、鸟、蜥蜴及其他蛇类。相较之下，人太大了，响尾蛇对吃人没什么兴趣。

16

蛇鹫的食物

蛇鹫吃鸟和蜥蜴。当蛇鹫碰到蛇的时候，会用自己像剃须刀一样锋利的爪子"啪！啪！啪！"地踢蛇，也会用自己尖锐的喙攻击蛇。

这只蛇鹫正在狼吞虎咽地吃一只蜥蜴。

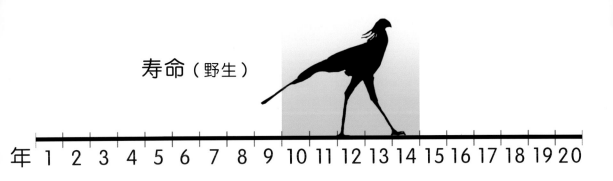

寿命（野生）

年 1 2 3 4 5 6 7 8 9 10 11 12 13 14 15 16 17 18 19 20

小百科

年幼的蛇鹫吃昆虫。

小百科

鸟类羽毛的排列方式、颜色和形状构成了鸟羽的整体特征。

有名

美国职业棒球大联盟中有一支队伍叫作亚利桑那响尾蛇队。

蛇的皮肤很干，一点也不油腻，不黏糊糊的。

佛罗里达农工大学橄榄球响尾蛇队的头盔上就印着大大的响尾蛇标志。

蛇类学家

是专门研究蛇的科学家。

为什么所有人都怕我？

有意思

因为头上的长羽毛像西方中世纪那些书记官耳朵后面夹着的鹅毛笔，蛇鹫也被叫作"书记鸟"，真有意思。照这么说，蛇鹫踢球技术也一流，要不改名为"足球鸟"得了？

我的头球技术也不错。

蛇鹫太独一无二了。这种鸟脸像鹰，腿像鹤，绝对是猛禽。

蛇鹫是苏丹的国家象征之一，也出现在南非的国徽上。

苏丹国徽

南非国徽

爬

一般情况下，响尾蛇爬行的速度很慢，为每小时 3 到 5 千米。

爬速
5

小百科

响尾蛇会到地下藏身，因为比较安全。

有一种说法是，窝指的是一群蛇的家，而洞则是一条蛇的家。

藏得低

一个蛇窝里可能多达 200 条蛇。

跑

蛇鹫很喜欢跑步，而且跑得非常快。蛇鹫可以看作陆行鸟，也就是大部分时间待在地面的鸟类。

蛇鹫会飞，不过从陆地上起飞需要一段时间。

睡得高

夜幕降临，蛇鹫会飞到高高的金合欢树上，安稳地入睡。狮子、鬣狗和豺狼都够不到树上的蛇鹫。

响尾蛇的优势

响尾蛇会用尖牙咬住猎物，然后通过尖牙的中空部分向猎物注射毒液。

响尾蛇的毒液具有凝血剂的功能，能够破坏血液的抗凝血机制，导致血液凝固。

当响尾蛇展开攻击时，速度快如闪电。

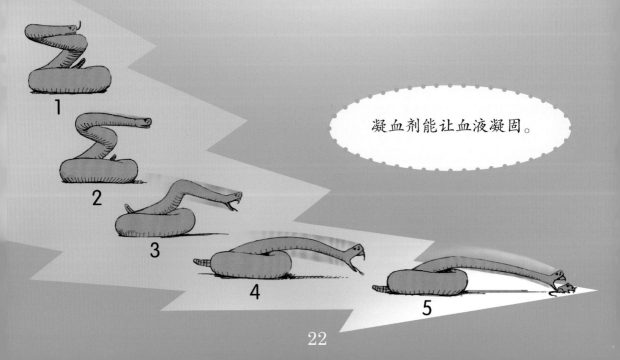

凝血剂能让血液凝固。

蛇鹫的优势

蛇鹫有三大武器：强壮的大长腿、尖利的喙和致命的爪子。

小百科

猛禽指的是能猎杀和捕食
其他动物的鸟。

蛇鹫能用喙猛刺，用爪子使劲踩，还能用大长腿狠狠地踢。

蛇鹫站在高高的金合欢树上，准备狩猎。在野外，不是狩猎就是被狩猎。蛇鹫注视着地面，寻找着食物，也小心地戒备着。

响尾蛇在自己的洞穴里很安全。不过，它饿了，决定出门看一眼。

响尾蛇刚把脑袋探出洞外，想找一只美味的老鼠果腹。蛇鹫就看到了响尾蛇，呼啸而下，脚狠狠地踩在了响尾蛇的头上。

哎哟，真疼啊！响尾蛇扭动着退回了洞穴。

现在，蛇鹫落到了地面上。蛇鹫四处观望，那条响尾蛇能跑到哪里去呢？响尾蛇决定用它的第二条秘密通道，虚晃一下蛇鹫。

你知道吗？

大多数猛禽从空中攻击，但蛇鹫善于从地面攻击。

蛇鹫听到了声音。就在响尾蛇刚钻出洞穴的时候，蛇鹫的脚再次狠狠地踩在响尾蛇的头上。

响尾蛇摆出防守姿势，想咬住蛇鹫。但是蛇鹫太高了，响尾蛇根本够不到。响尾蛇试图把尖牙插入蛇鹫的脚踝，但却无从下口。蛇鹫优雅地走开了。

响尾蛇试图再咬一口。嘿！有毒！蛇鹫得小心了。蛇鹫一脚踢开了响尾蛇。哇！接着，蛇鹫用自己刀片般锋利的爪子又狠狠地踩了响尾蛇一脚。

然后，蛇鹫踢了响尾蛇一脚，响尾蛇直接飞到了半空中。

响尾蛇落到了地面上后，决定放弃晚饭，直接逃回自己的洞穴去。

就在响尾蛇在地面上扭动逃跑的时候，蛇鹫继续不断地踢蛇。啪！啪！啪！在踢的间隙，蛇鹫还用尖利的喙啄着对手。响尾蛇受伤了。

在踢响尾蛇的时候，蛇鹫用翅膀使自己保持平衡。

蛇鹫又给出一记重踢！啪！

战斗结束。蛇鹫吞掉了响尾蛇。一条受伤的毒蛇吃起来该是什么感觉呢？呃！

实力大比拼
参数对比

响尾蛇

蛇鹫

响尾蛇		蛇鹫
☐	体形	☐
☐	毒性	☐
☐	爪子	☐
☐	腿	☐
☐	飞行	☐
☐	速度	☐
☐	尾巴	☐

这不过是其中一种可能的战斗结果。亲爱的小读者，如果是你，你会如何书写结局呢？

SCHOLASTIC

WHO WOULD WIN

猜猜谁会赢

动 物 大 混 战

虫虫大混战

[美] 杰瑞·帕洛塔（Jerry Pallotta）著

[美] 罗布·博斯特（Rob Bolster）绘

纪园园 译

中信出版集团｜北京

图书在版编目（CIP）数据

虫虫大混战／（美）杰瑞·帕洛塔著；（美）罗布·
博斯特绘；纪园园译. -- 北京：中信出版社，2021.7
（猜猜谁会赢：动物大混战）（2024.12重印）
书名原文：Who Would Win? Ultimate Bug Rumble
ISBN 978-7-5217-3255-9

Ⅰ．①虫… Ⅱ．①杰… ②罗… ③纪… Ⅲ．①昆虫—
儿童读物 Ⅳ．① Q96-49

中国版本图书馆 CIP 数据核字（2021）第 119002 号

Who Would Win? Ultimate Bug Rumble
Text copyright © 2017 by Jerry Pallotta
Illustration copyright © 2017 by Rob Bolster
All rights reserved.
Published by arrangement with Scholastic Inc., 557 Broadway, New York, NY 10012, USA
Simplified Chinese translation copyright © 2021 by CITIC Press Corporation
ALL RIGHTS RESERVED
本书仅限中国大陆地区发行销售

虫虫大混战
（猜猜谁会赢：动物大混战）

著　　者：[美]杰瑞·帕洛塔
绘　　者：[美]罗布·博斯特
译　　者：纪园园
出版发行：中信出版集团股份有限公司
　　　　　（北京市朝阳区东三环北路27号嘉铭中心 邮编 100020）
承 印 者：北京尚唐印刷包装有限公司

开　　本：787mm×1092mm　1/16　　印　张：20　　字　数：350 千字
版　　次：2021 年 7 月第 1 版　　　　印　次：2024 年 12 月第 8 次印刷

京权图字：01-2021-3866
书　　号：ISBN 978-7-5217-3255-9
定　　价：130.00 元（全 10 册）

出　　品：中信儿童书店
图书策划：红披风
策划编辑：吕晓婧　　　　　责任编辑：徐芸芸　　　　　营销编辑：易晓倩　张旖旎　李鑫橦
装帧设计：谭潇　李晓红　颂煜图文

谁也不知道为什么，十六只虫子就这样登场了，一场大赛一触即发。比赛规则很简单：只要输了，就失去比赛资格。谁会是最后的赢家呢？

小百科

昆虫有六条腿。蜘蛛有八条腿。

小百科

黑寡妇蜘蛛是有毒的。不过人只有被雌性黑寡妇蜘蛛咬伤，才会有危险。

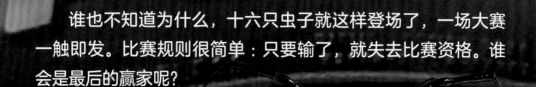

回合 1 黑寡妇蜘蛛对战蜻蜓 场次 1

蜻蜓在空中急速盘旋，猛地飞向黑寡妇蜘蛛的蛛网。

小百科

蜻蜓有四个翅膀，能向前和向后飞行，也能在空中盘旋。

你知道吗？

蜻蜓的种类多达数千种。

小百科

一只蜻蜓有六条腿，却不会走路。

1

黑寡妇蜘蛛获胜！

蜻蜓的翅膀尖陷在了蛛网里。黑寡妇蜘蛛虽然眼神不好，却能感觉到被困的蜻蜓发出的抖动。

小百科

蜘蛛不是昆虫。蜘蛛属于蛛形纲动物。

辨认妙招

蜻蜓很容易辨认，它们有长长的身体和透明的翅膀。

蜻蜓极力挣扎，想要脱身，但是黑寡妇蜘蛛发起了攻击。它咬住蜻蜓，向蜻蜓体内注射了致命的毒液。蜻蜓很快就会成为黑寡妇蜘蛛的晚饭。

蜈蚣没有翅膀，也不会飞，不过走路却很有一套。蜈蚣发现了猎蝽。这下，猎蝽麻烦大了。

你知道吗？

蜈蚣也叫"百足虫"，这可不是说蜈蚣真的正好有 100 只脚。一只蜈蚣可能有几十到几百只脚。

回合 **1** 场次 **2**

蜈蚣对战猎蝽

蜈蚣长得太吓人了。猎蝽会不会立马掉头逃跑呢？不！猎蝽准备正面迎击越来越接近的蜈蚣。

小百科

猎蝽能够利用长长的口器刺穿其他昆虫的身体，吸干昆虫的内脏。

小百科

猎蝽也被称作接吻虫。有时候，猎蝽会专门叮咬人们嘴巴边上的肉。

蜈蚣获胜！

　　猎蝽率先发起猛烈的进攻。但是灵活的蜈蚣快速移动身体，利用脚多的优势夹住了猎蝽。

小百科

猎蝽也叫刺客虫。刺客指的是为了钱财或名声夺取别人性命的人。

小百科

蜈蚣的躯干部分每一节都有一对足。

　　三！二！一！蜈蚣从猎蝽身上咬下一大块肉。蜈蚣获胜，将和黑寡妇蜘蛛一决高下。

蝴蝶你怎么也来凑热闹了？你不应该去参加选美比赛吗，怎么会来决斗场呢？

小百科

蝴蝶没有牙齿，没有爪子，也没有刺。

小百科

蝴蝶翅膀上排列的鳞片，像是小小的瓦片。

回合 1 蝴蝶对战杀人蜂 场次 3

本场比赛的对阵双方是：色彩斑斓的舞者和危险的螫人昆虫。

小百科

杀人蜂是一种非常具有攻击性的蜜蜂。

小百科

杀人蜂是非洲蜜蜂和巴西蜜蜂的混血儿。

杀人蜂获胜！

蝴蝶围着杀人蜂打转，想把杀人蜂绕晕。结果，杀人蜂直接出击，对着蝴蝶的脑袋蜇了下去。蝴蝶再也飞不动了，一头栽向地面。蝴蝶死了。

小百科

蝴蝶最好的防御方式是——飞得远远的。

你知道吗?

一窝杀人蜂几乎可以杀死任何一种动物。千万要躲开杀人蜂。

小百科

一窝有时指的是密密麻麻的一群。

一只蜜蜂只能蜇人一次。但是，遇上柔软一点儿的昆虫，就能蜇很多次。杀人蜂进入下一轮比赛。

螳螂的前足像一对镰刀，专门用来捕捉猎物。螳螂不挑食，抓到什么吃什么。这不，这只螳螂转动小脑袋，发现了一只蟑螂。

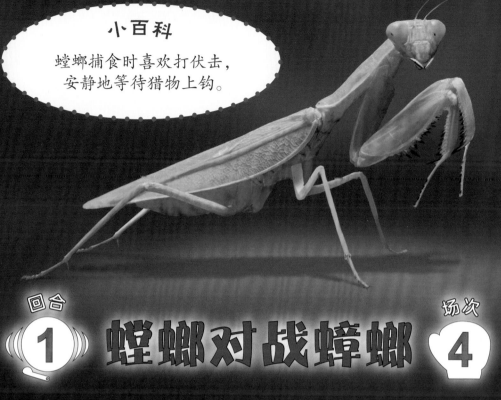

小百科

螳螂捕食时喜欢打伏击，安静地等待猎物上钩。

1 螳螂对战蟑螂 4

回合 1 场次 4

螳螂，你可要小心！蟑螂可不是善茬，不吃东西都可以活好几周。有些蟑螂甚至一小时能跑好几千米。这速度对昆虫来说，一点儿也不慢。

小百科

蟑螂的触须像松垮垮的琴弦一样。

小百科

蟑螂的翅膀会交叠在一起。甲虫的翅膀则非常整齐地沿一条直线并拢。

蟑螂　甲虫

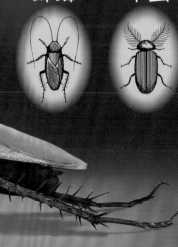

螳螂获胜！

这可不是一场速战。螳螂率先去追蟑螂，蟑螂掉头就跑。螳螂再度追击，终于堵住了蟑螂的去路。

小百科

在各种类型的环境中，无论是极地还是热带地区，都能见到蟑螂的身影。

你知道吗？

有人把螳螂当宠物饲养。

蟑螂想飞走，但螳螂用自己的前腿箍住了蟑螂。蟑螂受伤了。咔嚓！螳螂一口咬下蟑螂的脑袋！螳螂赢了。

下一场比赛是大黄蜂对阵虎甲。大黄蜂饿了，四处张望，看见了虎甲。

你知道吗？

有人觉得大黄蜂很"不讲武德"。

小百科

大黄蜂身上有螫针，能发动很多次攻击。

回合 1 大黄蜂对战虎甲 场次 5

虎甲虽然有翅膀也能够飞翔，但它更喜欢走路。大黄蜂和虎甲狭路相逢。

你知道吗？

甲虫的种类有上百甚至上千万种，堪称地球上最成功的生命形式之一了。

小百科

甲虫是会咬人的。

大黄蜂获胜！

好战的大黄蜂径直飞向虎甲。虎甲立刻反击。但是被蜇一次后，虎甲感觉大事不妙，还是飞起来为好。于是，两只昆虫在空中缠斗起来，都想找机会攻击对手。

小百科

大黄蜂属于胡蜂科。

你知道吗？

虎甲跑的时候看不见东西。

大黄蜂在空中拥有更好的控制力。大黄蜂蜇了虎甲好几次，受伤的虎甲飞得更吃力了。大黄蜂赢了，飞向了第二轮比赛。

最新战报：五场结束，三场待战。

盲蛛来比赛了。盲蛛个子高高的，瘦得皮包骨。自己可能还在琢磨：来参加比赛到底好不好呢？

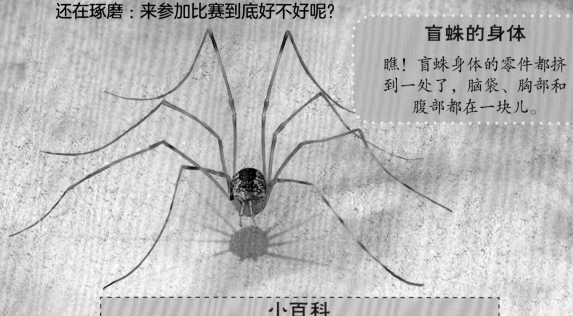

盲蛛的身体

瞧！盲蛛身体的零件都挤到一处了，脑袋、胸部和腹部都在一块儿。

小百科

盲蛛有八条腿，却不是蜘蛛。它属于盲蛛目。盲蛛目和蜘蛛目都属于蛛形纲。

回合 1

盲蛛对战蝎子

场次 6

蝎子身上自带武器：一对钳子、一张能咬人的嘴和一条有毒刺的尾巴。

你知道吗？

伪蝎看上去和蝎子一模一样，只是没有毒刺而已。

蝎子获胜！

盲蛛根本没注意到蝎子在哪儿，竟然直接踩到蝎子的身上。
而盲蛛的身体太轻了，蝎子差点儿没感觉到。

小百科

盲蛛化石表明，这一物种存在了大约有四亿年了，很清楚如何生存下去。

你知道吗？

盲蛛只有一对眼睛。

战斗开始。蝎子火力全开。扎！刺！扎！刺！蜇人的蝎子
赢了！蝎子没有长到小卡车那么大，简直是我们人类的幸运。

如果你碰到或压到椿象的话，那可真要臭死了。不过，有的人却不介意椿象的味道。

小百科

有的人会吃椿象。他们说椿象和苹果味道一样。呃！

椿象对战灯蛾毛虫

这样一只有绅士风范的毛毛虫该不该出现在这本书里呢？唉，算了！战斗开始了！

小百科

毛毛虫其实是蝴蝶或蛾子的幼虫。这只灯蛾毛虫是一只虎蛾的幼虫。

小百科

幼虫阶段指的是昆虫生命中的未成熟时期。

你知道吗？

有些灯蛾毛虫长着金毛。

灯蛾毛虫获胜！

灯蛾毛虫咳出了一些黏液，特别难闻，就算是椿象也不喜欢。两只虫子相遇了，但是灯蛾毛虫拒绝战斗，把自己缩成了一个球。

小百科

椿象属于一类叫作半翅目的昆虫。

突然，一只鸟俯冲下来，一口吞掉了椿象。灯蛾毛虫意外获胜，这在动物界并不少见。

看台上响起一片欢呼声："毛毛！毛毛！毛毛！"看样子，这只毛茸茸的毛毛虫很受粉丝的喜欢。

第一回合最后一场比赛的对阵双方是吵闹的蝉和爆炸头蜘蛛。欢迎塔兰托毒蛛，我们的第十六位参赛选手。

小百科

这两种生物都能褪去自己的外壳，也就是通常所称的蜕皮。

你知道吗？

有一些蝉在地下等待十七年后，才能钻出地面，并且在五到六周后死去。

回合 1 蝉对战塔兰托毒蛛 场次 8

小百科

塔兰托毒蛛有八条腿。嘴巴旁边还多出来两条长"腿"，被称作触须。

小百科

一些塔兰托毒蛛能活三十岁。有的蝉却活不过六周。

蝉算是世界上声音最大的昆虫了，可把塔兰托毒蛛吵死了。

塔兰托毒蛛获胜！

双方实力悬殊！嗬！巨大的塔兰托毒蛛跳到蝉的身上，落下了獠牙。蝉的歌声停止了。

小百科

蝉通过振动不平整的外骨骼发声。

小百科

虫子是没有骨头的。不过，它们有外骨骼，也就是身体外面的一层壳。

塔兰托毒蛛进入第二回合！

欢迎来到第二回合。第一场的参赛选手是黑寡妇蜘蛛和蜈蚣。昆虫都有六条腿，所以这两只虫子都不是昆虫。

小百科

这本书中的生物都属于无脊椎动物。

小百科

有一个很老的电子游戏叫蜈蚣。

回合 2 黑寡妇蜘蛛对战蜈蚣 场次 1

蜈蚣可能是本次比赛最大的黑马了。没人想到蜈蚣能走这么远。

虫子

我们可以把本书中出场的所有生物都称作虫子。虫子是一种对蜘蛛、昆虫及其他一些无脊椎动物的通俗叫法。

17

蜈蚣获胜！

蜈蚣占尽优势。黑寡妇蜘蛛想咬住蜈蚣，但是自己脆弱的身体可应付不了蜈蚣的重压，更别说迎面而来的上百条腿了。

危险！

如果你被黑寡妇蜘蛛咬伤，必须立刻去医院。

小百科

有一种和蜈蚣类似的虫子，叫作马陆。

先是黑寡妇蜘蛛在上，接着蜈蚣在上。交战双方你来我往。咬住！蜈蚣获胜！抱歉，黑寡妇蜘蛛，你输了。

杀人蜂进入第二回合。杀人蜂样貌丑陋，对手是螳螂。螳螂要小心了！粉丝们等不及了！

小百科

一只杀人蜂能杀死一只体形巨大的大黄蜂。

回合 2 杀人蜂对战螳螂 场次 2

螳螂的反应速度相当快，但杀人蜂的飞行能力更强。一般情况下，只有雄性螳螂会飞。

小百科

螳螂的三角形小脑袋能向后转动。

螳螂获胜！

杀人蜂想蜇螳螂，但是螳螂速度太快了。螳螂强壮的胳膊径直抓住了空中的杀人蜂。杀人蜂挣扎着想扭过身体刺伤螳螂。

小百科

螳螂也叫祷告虫，因为它前腿的形状，像是在跪下祈祷一样。

螳螂先下口了，战斗迅速结束。螳螂进入下一赛段。杀人蜂辜负了自己的名字。

这场比赛是坏脾气对阵更坏的脾气，空中的毒刺挑战地面的毒刺，六条腿与八条腿之间的争锋。

你知道吗？
全世界个头最大的大黄蜂在亚洲。

回合 2 大黄蜂对战蝎子 场次 3

小百科

最致命的毒蝎被称作死亡追踪者。

这场对决是虫虫大混战的粉丝们最期待的。

21

大黄蜂获胜！

大黄蜂为了遏制蝎子的优势，选择从空中进攻。大黄蜂瞅准机会，对着蝎子便是一蜇，接着立刻飞走。哎哟！又是一个机会，再蜇一下！哎哟！

小百科

大黄蜂和蝎子的毒针里都带有毒液。

小百科

大黄蜂和蝎子都能蜇很多次。

被蜇几次之后，蝎子身负重伤，力气也耗尽了。大黄蜂的策略生效了。蝎子又飞不起来，看来是"空军"拿下了比赛。

毛毛！毛毛！毛毛！粉丝的最爱进入了第二轮比赛。这次是毛茸茸对阵毛丛丛。

你知道吗？
灯蛾毛虫的身体共有十三节。

小百科

毛毛虫看上去像是有很多条腿，其实它们只有六条腿，属于昆虫。

回合 2

灯蛾毛虫对战塔兰托毒蛛

场次 4

看上去塔兰托毒蛛挑了个软柿子捏。

小百科

塔兰托毒蛛有差不多1000种。可能你家旁边就有。

塔兰托毒蛛获胜！

灯蛾毛虫又把自己滚成了一个球。不过塔兰托毒蛛可不是蠢蛋。

小百科

灯蛾毛虫也被称作黑尾熊或者羊毛虫。

塔兰托毒蛛猛地扑向灯蛾毛虫。塔兰托毒蛛獠牙落下。灯蛾毛虫败了。

第二回合比赛结束。蜈蚣、螳螂、大黄蜂和塔兰托毒蛛挺进半决赛。虫子四巨头诞生！

小百科

世界上最大的蜈蚣是亚马孙巨人蜈蚣。

五五对开

虫子四巨头中有一半是昆虫。

回合

3 蜈蚣对战螳螂

场次

1

粉丝们都被虫子的腿吸引了。螳螂有六条腿，而蜈蚣似乎有一百万条腿。

你知道吗？

螳螂虾（皮皮虾）的手臂和螳螂类似，都能抓取食物。

螳螂获胜！

蜈蚣匍匐着爬向螳螂，试图咬住对手。但是螳螂立刻飞走了。每当蜈蚣靠近，螳螂似乎都选择逃走。

高兴的事

我们真该高兴，不用给蜈蚣买鞋穿。

螳螂咬下了蜈蚣的一条腿，接着又是一条。咬掉几条腿后，螳螂送出了致命一击。螳螂，你踏上了决赛的征程！

这是大黄蜂与塔兰托毒蛛的对决。这场战斗一点儿也不公平。大黄蜂刚刚打败了虎甲和蝎子。

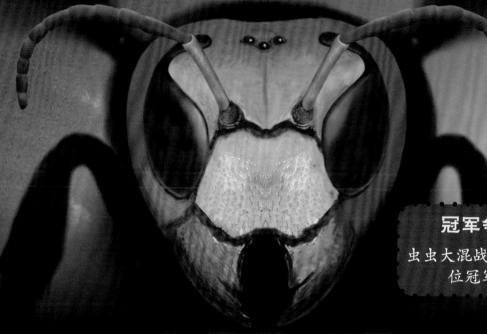

冠军争夺

虫虫大混战只能有一位冠军！

回合 **3**

大黄蜂对战塔兰托毒蛛

场次 **2**

塔兰托毒蛛长着大獠牙，却没有翅膀。塔兰托毒蛛打败了蝉和毛毛虫。谁将获得最后一张决赛入场券呢？

大黄蜂获胜！

大黄蜂迅速出击，直逼塔兰托毒蛛的面门。塔兰托毒蛛利用后腿站立起来，试图出拳打击，但是落空了。大黄蜂绕着塔兰托毒蛛打转。接着，大黄蜂蜇到了塔兰托毒蛛。

大黄蜂对着塔兰托毒蛛一通猛蜇。终于，塔兰托毒蛛再也走不动了，倒了下去。大黄蜂飞向了最后的决赛。

冠军赛！

锦标赛最终战斗开始了，螳螂对阵大黄蜂。螳螂来到空中，试图抓住大黄蜂的脑袋，狠狠咬大黄蜂一口。但是大黄蜂嗡嗡地飞走了。

锦标赛
这场比赛最开始有十六只虫子。

这是一场空中大战，两只小虫你来我往。拥有毒刺的大黄蜂速度更快，蛰了螳螂很多次。螳螂其实是一位优秀的战士，但是体形更小、速度更快的大黄蜂具有更强的攻击力。

大黄蜂获胜！

就在螳螂以为自己抓住了大黄蜂的时候，大黄蜂却用谋略制服了螳螂。在大黄蜂一次次的毒刺攻击之下，螳螂倒下了。大黄蜂火力更强。大黄蜂获胜！

这不过是其中一种可能的战斗结果。亲爱的小读者，如果是你，你会如何书写结局呢？

[美] 杰瑞·帕洛塔（Jerry Pallotta） 著　[美] 罗布·博斯特（Rob Bolster） 绘　纪园园 译

绿蚁对战行军蚁

中信出版集团 | 北京

图书在版编目（CIP）数据

绿蚁对战行军蚁 / （美）杰瑞·帕洛塔著 ；（美）罗布·博斯特绘 ；纪园园译. -- 北京：中信出版社，2021.7（2024.12重印）
（猜猜谁会赢：动物大混战）
书名原文：Who Would Win? Green Ants vs. Army Ants

ISBN 978-7-5217-3255-9

Ⅰ. ①绿… Ⅱ. ①杰… ②罗… ③纪… Ⅲ. ①蚁科—儿童读物 Ⅳ. ① Q969.554.2-49

中国版本图书馆 CIP 数据核字（2021）第 119232 号

绿蚁对战行军蚁
（猜猜谁会赢：动物大混战）

著　者：[美]杰瑞·帕洛塔
绘　者：[美]罗布·博斯特
译　者：纪园园
出版发行：中信出版集团股份有限公司
　　　　　（北京市朝阳区东三环北路27号嘉铭中心 邮编 100020）
承　印　者：北京尚唐印刷包装有限公司

开　本：787mm×1092mm　1/16　　印　张：20　　字　数：350千字
版　次：2021 年 7 月第 1 版　　印　次：2024 年 12 月第 8 次印刷

京权图字：01-2021-3866
书　号：ISBN 978-7-5217-3255-9
定　价：130.00 元（全 10 册）

出　品：中信儿童书店
图书策划：红披风
策划编辑：吕晓婧　　　　　责任编辑：徐芸芸　　　　　营销编辑：易晓倩　张旖旎　李鑫橦
装帧设计：谭 潇　李晓红　颂煜图文

如果绿蚁与行军蚁大战一场，会是怎样一番情景呢？你认为谁会赢呢？

初识绿蚁

绿蚁的拉丁学名是 *Oecophylla smaragdina*。绿蚁是蚁科昆虫，身体分为头、胸、腹三部分，腿从胸部伸出，有六条腿。

腹

胸

头

你知道吗？

蚂蚁的腰非常细。

你知道吗？

蚂蚁中的工蚁只需要简短的休息，可以说从来不睡觉。

绿蚁生活在澳大利亚等地区。

初识行军蚁

行军蚁中一种布氏游蚁的拉丁学名是 *Eciton burchelli*。行军蚁也被称作军团蚁。

头

腹

胸

哎哟！
行军蚁的腹部末端有毒刺。

大多数蚂蚁及其他昆虫都有复眼。大部分行军蚁有两只复眼，但是视力不佳。

复眼特写

每只复眼里有几百只独立的小眼。

大多数行军蚁生活在南美洲和非洲大陆。

蚁群

绝大多数绿蚁生活在蚁群中，一个蚁群大概有 50 万只绿蚁。

蚁群

指的是共同生活和工作的
蚂蚁群。

算一算

50 万是 100 万的一半。

每个绿蚁蚁群里的蚂蚁
可以少至 20 只，多至
成千上万只。

军团

行军蚁"军团"中生活的蚂蚁数量在 50 万到 100 万之间。

军团

意思是一支军队或者成员数量很大的队伍。

科学家曾经发现一支大约有 2000 万只行军蚁的队伍。

100 万是这样写的：1 000 000，是 1000 的 1000 倍。

行军蚁得名的原因是这种蚂蚁行为非常像训练有素的军人，善于团队作战。

蚂蚁在地球上已经生存了超过一亿年了。当恐龙在地球上行走的时候，蚂蚁就已经生存了。一些蚂蚁还可能曾经和恐龙战斗过。

树上

绿蚁生活在树上。既然生活在树上更安全，为什么要生活在陆地上呢？

绿蚁用树叶编织家园。最大的绿蚁蚁群之一曾经分布在12棵树上。绿蚁通常会一直待在同一个地方。

蚂蚁幼虫

幼虫

一般是指由卵孵化出来的幼体。

陆地上

行军蚁生活在陆地上，它们并不会建造固定的生活住所。
行军蚁一直都在搬家。每两周，行军蚁就会换个地方露营。

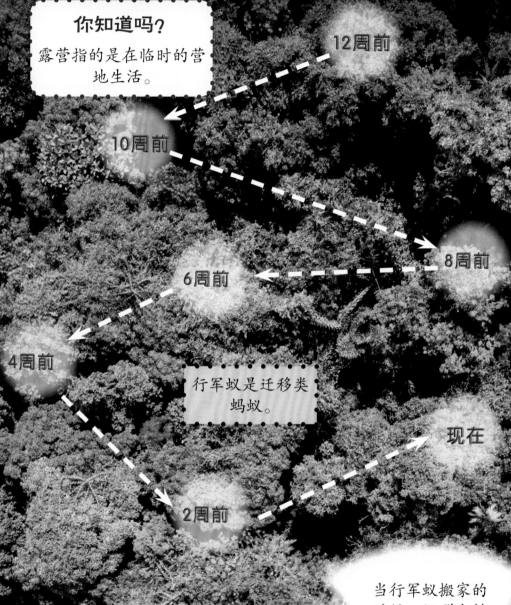

你知道吗？
露营指的是在临时的营地生活。

12周前

10周前

8周前

6周前

4周前

行军蚁是迁移类蚂蚁。

现在

2周前

当行军蚁搬家的时候，蚁群会排列成扇形前进。

迁移类蚂蚁的住所不固定。

蚂蚁的种类超过 10 000 种。下面列举出其中一些。

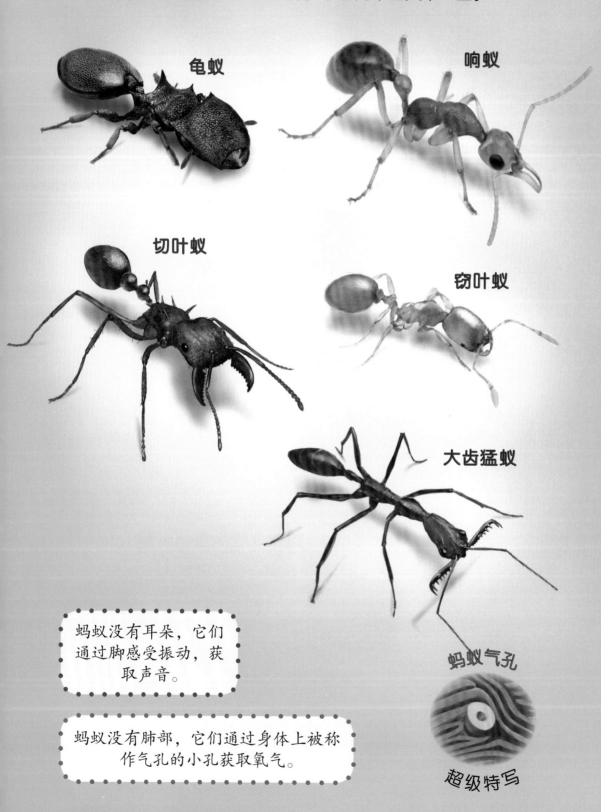

龟蚁

响蚁

切叶蚁

窃叶蚁

大齿猛蚁

蚂蚁没有耳朵，它们通过脚感受振动，获取声音。

蚂蚁没有肺部，它们通过身体上被称作气孔的小孔获取氧气。

蚂蚁气孔

超级特写

蚂蚁虽然很小，但是形状和尺寸各异。

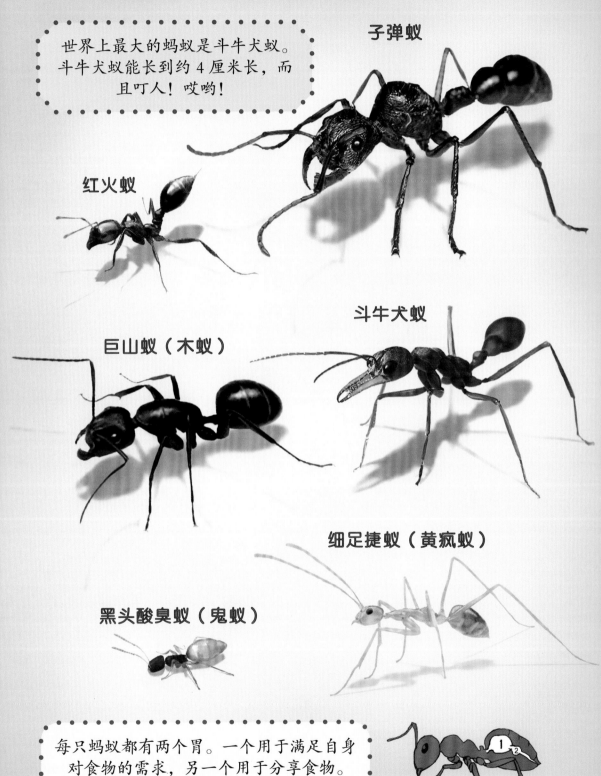

世界上最大的蚂蚁是斗牛犬蚁。斗牛犬蚁能长到约 4 厘米长，而且叮人！哎哟！

子弹蚁

红火蚁

斗牛犬蚁

巨山蚁（木蚁）

细足捷蚁（黄疯蚁）

黑头酸臭蚁（鬼蚁）

每只蚂蚁都有两个胃。一个用于满足自身对食物的需求，另一个用于分享食物。

群体结构

工蚁蚁群中的每只蚂蚁都承担着各自的角色，其中，工蚁的口号是做自己的工作！所有的工蚁都像工人一样，时刻准备着建造蚁巢，或者为自己的蚁群抚育后代等

工蚁

工蚁建造和修补蚁巢等。

侦察蚁

是出门寻找食物的工蚁。

雄蚁

是绿蚁蚁群中唯一的雄性蚂蚁。

侦察蚁

雄蚁

在大多数绿蚁蚁群中，只有一只蚁后。蚁后产下整个蚁群所有的卵。整个蚁群必须保护蚁后。如果蚁后死亡，那么整个蚁群就会慢慢消失。

蚁后

兵蚁

兵蚁保护巢穴。与敌对的蚂蚁战斗。

一些工蚁在育婴室工作，照顾新生的蚂蚁幼虫。

家庭结构

一个普通的人类家庭有一个妈妈、一个爸爸和几个孩子。一个普通的行军蚁家庭有一个妈妈（蚁后）、20 个爸爸（有翅膀的雄蚁）、20 个未来的妈妈（有翅膀的雌蚁）和 500 000 至 1 000 000 个孩子（工蚁和兵蚁）。

雄蚁

兵蚁

大型工蚁

小型工蚁

蚁后

雌蚁

只有雄蚁和雌蚁
有翅膀

行军蚁蚁群中没有雄性总统、总理或者国王，不过它们有蚁后。一个蚁群被视作一个单位。

蚂蚁最厉害的武器是头部像钳子一样的上颚，也称为大颚。

上颚

是蚂蚁口器，也是蚂蚁嘴
的一部分。

上颚

这是一只绿蚁的上颚。蚂蚁动用上颚能咬住、捡起和拿着
食物等。

蚂蚁的下颚也被称作唇颚。这是一只行军蚁中兵蚁的下颚。

有的昆虫只能活两周。

蚂蚁是最长寿的昆虫之一。

一些蚁后能够活到 30 岁。

如果你是一只蚂蚁，想要什么样的下颚？

咬合

这里有几种类型的蚂蚁上颚。试想一下，蚂蚁如何利用上颚吃东西？

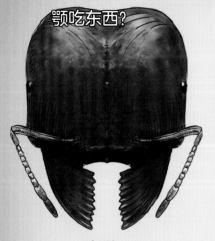

宽的

许多蚂蚁不吃固体食物，只吃液体食物。

昆虫学是研究昆虫的科学。

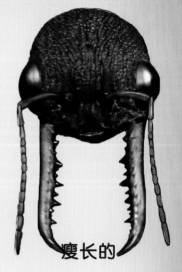

瘦长的

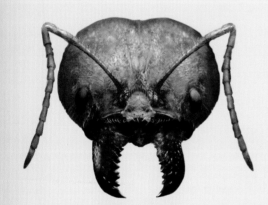

锯齿状的

弧形的

有尖突的

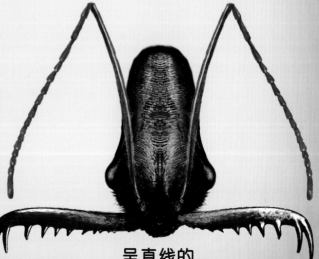

呈直线的

吸吮、咀嚼

通过观察昆虫或动物的嘴巴运动，你就会知道它是怎么让东西进入口中的。

蜜蜂吸食进食，就像有的人用吸管喝饮料一样。

苍蝇舔吸进食。每当落在食物上的时候，苍蝇就前前后后地舔吸。

蚱蜢嘴巴的结构非常适合咀嚼草和树叶等。

蝎子的嘴没有牙齿，用夹钳般的上颚夹住食物。

蚊子用和针一样的嘴刺人吸血。

蝴蝶用来吸食的口器像吸管一样可弯可直。

达尔文甲虫是个剪刀手？
不！它只是用自己长长的上颚拍打对手，然后再把它们扔出去。

强壮的举重者

蚂蚁能够举起比自己重很多的物体，甚至能够举起是自身体重 20 到 50 倍的物体。

大多数蚂蚁能够以每小时 1.6 千米左右的速度前进。

绿蚁的前进速度比行军蚁要略慢一些。

如果你是一只蚂蚁，你可以举起……

一辆小轿车，

蚁学是研究蚂蚁的科学。

或者一辆小皮卡，

或者没准是一头大象。

这只切叶蚁正举着一大片树叶。

平均来讲，行军蚁比绿蚁重。
行军蚁体重＞绿蚁体重。

这只响蚁正举着一块石头。

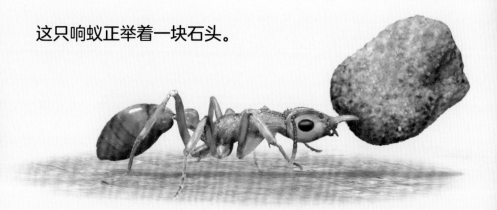

这只斗牛犬蚁正举着一只珍贵的幼虫。

优势

绿蚁最强的优势是蚁群的个体数量。蚂蚁会释放一种叫作信息素的物质，警告彼此危险来临。

数千只蚂蚁被召集来保护蚁群的领地。蚂蚁齐心协力将敌人咬死。

绿蚁另外一件重要的武器是蚁群组织有序。它们会一起合作搭成桥梁，让大部队跨过小沟。

你知道吗？

绿蚁的伪装色是绿色。这使它们更容易在绿色的叶子中藏身。

行军蚁最大的优势也是蚁群庞大的个体数量。任何一个动物都可能战胜一只蚂蚁，但是没有任何一个动物可以战胜 100 万只蚂蚁。

行军蚁也是会伪装的。体色棕黑的行军蚁，能够与棕黑色的土地和路上的枯叶融为一体。

动物学是研究动物的科学。

"农民"蚂蚁

切叶蚁像农民一样种食物。这种蚂蚁会把碎叶子等堆到一起，养出真菌喂给幼虫吃。

"储存"蚂蚁

蜜蚁将蜜露储存在供蜜蚁的腹部，作为蚁群的储备食物。

蚂蚁的社群井然有序，科学家将它们作为模型来研究人类行为。

"牛仔"蚂蚁

牧蚁会放牧，它们会抓住蚜虫，把它们蓄养起来，或者保存起来，以获取它们分泌的蜜露，作为食物。

"园艺师"蚂蚁

有一些种类的蚂蚁是园艺师，它们会在领地修剪草坪，还会除草，尤其是任何一条敌人可用来攻击蚁群的道路都会被切断。

单词游戏

你能解开这些单词谜题吗？每一个答案里都包含 ant（蚂蚁）和另外几个字母。我们已经填了几个字母了，第一题的答案也已经给出。开始吧！

关键词 = ANT

M _ _ _ S =

_ _ L _ P _ =

= _ _ _ _ A

MAR _ T _ _ _ _ = 南极洲

 PL = _ _ _ _ _ _ _ _

去第30页找答案吧。

在一棵树的树干上，几只行军蚁攻击了一些正在闲逛的绿蚁。绿蚁向空气中释放出蚁酸。

蚁酸信号吸引了周围的绿蚁加入战斗。绿蚁们放下手里的工作，纷纷前往战场。绿蚁喷出的蚁酸刺激了行军蚁的眼睛，使行军蚁呼吸困难。

啊噢！战斗进入白热化。成千上万只绿蚁对战成千上万只行军蚁。

绿蚁很聪明，使用计谋转移战场，远离自己的蚁后。只要蚁后还在，那蚁群就会存活下去。

行军蚁展示出压倒性的力量。行军蚁，行军蚁，越来越多的行军蚁。

绿蚁撤退了。它们意识到，己方无法赢得这场大战。战争可不是游戏。

行军蚁获胜！无数死去的绿蚁变成行军蚁的盘中餐。行军蚁的盛宴开始。活下来的绿蚁退回蚁后身边，明天将重建自己的蚁群。

实力大比拼
参数对比

绿蚁		行军蚁
☐	下颚	☐
☐	喷射蚁酸	☐
☐	毒刺	☐
☐	数量	☐
☐	速度	☐
☐	体重	☐
☐	伪装	☐

这不过是其中一种可能的战斗结果。亲爱的小读者，如果是你，你会如何书写结局呢？

单词游戏答案：pants（裤子） antler（鹿角） hydrant（消防栓） elephant（大象） lantern（提灯） mantis（螳螂） antelope（羚羊） antenna（天线） Antarctica（南极洲） eggplant（茄子）

SCHOLASTIC

WHO WOULD WIN

猜猜谁会赢

动物大混战

海洋大混战

[美] 杰瑞·帕洛塔（Jerry Pallotta） 著

[美] 罗布·博斯特（Rob Bolster） 绘

纪园园 译

中信出版集团 | 北京

图书在版编目（CIP）数据

海洋大混战 /（美）杰瑞·帕洛塔著 ；（美）罗布·
博斯特绘 ；纪园园译 . -- 北京 ：中信出版社，2021.7
（猜猜谁会赢：动物大混战）（2024.12重印）
书名原文：Who Would Win? Ultimate Ocean Rumble
ISBN 978-7-5217-3255-9

Ⅰ. ①海… Ⅱ. ①杰… ②罗… ③纪… Ⅲ. ①水生动
物－海洋生物－儿童读物 Ⅳ. ① Q958.885.3-49

中国版本图书馆 CIP 数据核字（2021）第 119231 号

海洋大混战
（猜猜谁会赢：动物大混战）

著　者：[美] 杰瑞·帕洛塔
绘　者：[美] 罗布·博斯特
译　者：纪园园
出版发行：中信出版集团股份有限公司
　　　　　（北京市朝阳区东三环北路27号嘉铭中心 邮编 100020）
承 印 者：北京尚唐印刷包装有限公司

开　本：787mm×1092mm　1/16　　印　张：20　　字　数：350千字
版　次：2021 年 7 月第 1 版　　　印　次：2024 年 12 月第 8 次印刷
京权图字：01-2021-3866
书　号：ISBN 978-7-5217-3255-9
定　价：130.00 元（全 10 册）

出　品：中信儿童书店
图书策划：红披风
策划编辑：吕晓婧　　　　　责任编辑：徐芸芸　　　　　营销编辑：易晓倩　张旖旎　李鑫橦
装帧设计：谭　潇　李晓红　颂煜图文

十六只海洋生物同意参加这场锦标赛。第一回合比赛共八场。赛制为单淘汰赛，即无论谁输，都将直接退出比赛。第一场比赛是海象对阵沙虎鲨。

小百科

海象利用触须在海底寻找食物，如蛤蜊和贻贝等。

你知道吗？

海象的尖牙能达到 0.9 米长。

回合 **1** 海象对战沙虎鲨 场次 **1**

海象只要从冰面下来，就会立刻面对饥肠辘辘的鲨鱼。

你知道吗？

鲨鱼是会成群出现的，这想想就很恐怖。

小百科

沙虎鲨也被称作锥齿鲨。

小百科

鲨鱼的表皮非常粗糙，摸上去像砂纸。

1

沙虎鲨获胜!

海象从大浮冰上跳下来,想从鲨鱼身边游走。但是,鲨鱼一口咬住了海象的鳍肢。哎哟!

小百科

唯一比海象科海象大的海豹科动物是象海豹。

你知道吗?

海象的皮肤厚达 7 到 10 厘米。

海象受伤很严重,厚厚的脂肪也保护不了自己。沙虎鲨获胜。

第一回合第二场比赛双方是独角鲸和电鳐。双方一战，谁会获胜呢？

小百科

独角鲸长长的獠牙其实是一枚过度发育的牙齿。

你知道吗？

独角鲸是一种生活在北极的海洋哺乳动物，能够用肺呼吸空气。

回合 ①独角鲸对战电鳐② 场次

电鳐的身体能够发射电流。这只电鳐离开了海底，向独角鲸游去。

小百科

大多数电鳐生活在海洋底部。

有的电鳐释放的电流束非常强，甚至可能杀死人。

独角鲸获胜！

电鳐试图发射电流电晕独角鲸。但是聪明的独角鲸用自己长长的尖牙径直刺向了电鳐。独角鲸获胜！

小百科

有人认为独角鲸会用长长的獠牙刺破冰层，制造呼吸孔。

你知道吗？

每次放电之后，电鳐都需要给自己充电，才能做出下一次电击。

独角鲸将游向下一回合，与沙虎鲨狭路相逢。

第三场比赛是虎鲸对阵海蛇。这头虎鲸一点儿都不想遇上海蛇。海蛇呢？更不想！

你知道吗？
虎鲸也被称作杀人鲸。

小百科
虎鲸的皮肤是黑白色的。大多数虎鲸在族群中生活。

小百科
不在族群中生活的虎鲸被称作孤鲸。

回合 ①
虎鲸对战海蛇
场次 ③

这场战斗似乎很不公平：巨型海洋哺乳动物对阵瘦骨嶙峋的小小爬行动物。不过小心了，虎鲸，这可是一条致命的毒蛇！

你知道吗？
海蛇的尾巴形状像一只船桨。

小百科
海蛇长得像鳗鱼，但不是鱼，而是爬行动物。

虎鲸获胜！

呼！虎鲸没有被海蛇的外表欺骗，它知道海蛇是有毒的。

小百科

海蛇一般生活在海里，只有产卵的时候才会爬到陆地上。

小百科

海蛇能憋气五个小时。

你知道吗？

虎鲸的体重能超过 10 吨。

虎鲸一下子就把海蛇钉在了海底，碾碎了海蛇的骨头。海蛇甚至都没看到虎鲸的影子。虎鲸将前往下一轮比赛。

第一轮第四场比赛是葡萄牙战舰水母对战棱皮龟。

小百科

葡萄牙战舰水母并不是通常意义上的水母。

你知道吗？

葡萄牙战舰水母属于管水母目动物。也就是说它的真身是数百个更小的海洋生物的集合体。

小百科

葡萄牙战舰水母的触须能触达 20 米之外。

回合 1 葡萄牙战舰水母对战棱皮龟 场次 4

这场比赛将呈现的是天才泳者与漂流者的对决。棱皮龟的鳍肢长得像翅膀。

小百科

棱皮龟属于爬行动物。棱皮龟没有牙齿。

7

葡萄牙战舰水母获胜！

棱皮龟非常不小心，游进了葡萄牙战舰水母触须织成的天罗地网中。水母触须上的毒素渗入棱皮龟的眼睛、鼻子和喉咙里，令棱皮龟刺痛不已。事实证明，这毒素是致命的。

小百科
葡萄牙战舰水母的身体会随着海风、海浪、水流和潮汐漂流。

你知道吗？
棱皮龟是最大的一类海龟。它们能长到2.1米长，体重达到900千克。

你知道吗？
棱皮龟游泳速度极快，可以游到任何一片海域中。

小百科
棱皮龟会来到水面呼吸空气。

小百科
棱皮龟的食物大多是水母。

抱歉，棱皮龟！葡萄牙战舰水母赢得了比赛。

北极熊怎么会出现在一本关于海洋生物的书里面呢？可能因为北极熊被认为是海洋哺乳动物，生活在北冰洋的冰层上。

你知道吗？
北极熊也被称作冰熊。

小百科
北极熊在 1.6 千米外就能闻到海豹的气味。

① 北极熊对战石鱼 ⑤

回合　　　　　　　　场次

在岸边的北极熊刚想走进海里。这头北极熊并不知道，一条石鱼正耐心地等待游过的鱼，好饱餐一顿。

你知道吗？
石鱼的刺能刺穿靴子。

石鱼获胜！

石鱼的伪装让自己看上去像一块海底的岩石。北极熊一脚踩在了石鱼身上。哎哟！真疼！石鱼致命的毒素会杀死这头北极熊。

小百科

石鱼的毒是一种神经毒素，会让猎物的肌肉麻痹，让猎物无法呼吸。

小百科

北极熊非常强壮，能用牙齿拖动一头体重 900 千克的死海象。

你知道吗？

北极熊是优秀的游泳选手。有人曾亲眼见到一头北极熊不间断地游了 80 千米。

丑陋的石鱼将前往下一轮比赛，对手会是谁呢？

下一场比赛是所有人期待已久的——虽然这不过是第一轮比赛的第六场而已：咸水鳄对阵大王乌贼。

小百科

有时候，咸水鳄也被叫作湾鳄。

小百科

咸水鳄喜欢生活在沼泽、入海口或者环礁湖里，不过也会经常游到开阔的海域。

小百科

咸水鳄是世界上现存最大的爬行动物。呀！它们能有 6 米长。

回合 **1** 咸水鳄对战大王乌贼 场次 **6**

咸水鳄是喜欢打伏击的捕食者，正耐心地等待大王乌贼慢慢游近。大王乌贼正在寻找可以吃的食物。

小百科

大王乌贼有八条短腕和两条长长的触腕。腕的下方长着很多吸盘。

小百科

大王酸浆鱿是体形最宽的鱿鱼。大王乌贼则是体长最长的鱿鱼。

咸水鳄获胜！

咸水鳄拍打着自己巨大的尾巴，突然发力，猛地展开攻击。咸水鳄抓住了大王乌贼，狠狠地咬了下去。大王乌贼射出墨汁，但是咸水鳄根本不当回事。

你知道吗？

成年咸水鳄能吃下任何一种大型动物，包括人！

咸水鳄获胜，将前往第二轮比赛。

终于，闻名全球的大白鲨加入战局！这是第七场比赛：大白鲨对阵双吻前口蝠鲼。

你知道吗？

一头大白鲨曾在电影《大白鲨》中出镜。

⟨1⟩ 回合 大白鲨对战巨型蝠鲼 ⟨7⟩ 场次

这场战斗是牙齿、牙齿和更多的牙齿对阵滤食生物。双吻前口蝠鲼体形巨大，或许能打得大白鲨满大海找牙。

你知道吗？

双吻前口蝠鲼的胸鳍从一头到另一头的长度能达到9米。这比大多数私人飞机的长度还要长。

小百科

滤食生物是一类海洋生物，过滤水里的小型生物作为食物。

小百科

双吻前口蝠鲼能完全跳出海面。

大白鲨获胜！

无所畏惧的大白鲨径直游到双吻前口蝠鲼的面前，一口咬在双吻前口蝠鲼的脸上。大白鲨很享受这顿美味。

你知道吗？
双吻前口蝠鲼是蝠鲼中最巨大的。体重可达1360千克！这可是接近一吨半的重量。

小百科
大白鲨的牙齿是锯齿状的，呈三角形，像牛排刀一样锋利。

你知道吗？
牙齿不是骨头。

凶猛的大白鲨通过了第一轮比赛。这没什么好惊讶的。

这是第一轮比赛的最后一场了：旗鱼遇上了蓝圈章鱼。

小百科

大大的背鳍能让旗鱼快速转弯。

小百科

旗鱼是海洋中速度最快的鱼，能够以每小时 145 千米的速度游动。

 回合 ① 场次 8

旗鱼对战蓝圈章鱼

这是速度与毒素的对决，鱼类动物与软体动物的战斗！

小百科

很多科学家认为蓝圈章鱼的毒液是海洋中最致命的。

小百科

毒液是动物射出的液体毒物。

蓝圈章鱼获胜！

旗鱼离开深水，游向珊瑚礁，希望能找点儿食物。蓝圈章鱼发动攻击，跳到了旗鱼的背上。

你知道吗？
旗鱼是一种远洋鱼。

小百科
远洋鱼并不会只生活在同一个地方，会游到世界各地的海洋中。

在旗鱼切换到高速挡之后，章鱼射出了毒液。旗鱼被淘汰出局。

第一轮比赛结束。一起算一算：这场锦标赛最初有十六只动物参赛，现在有一半已经出局，所以十六除以二，只有八只动物留了下来。

叮！叮！叮！第二轮开始。独角鲸对阵沙虎鲨。

小百科

虽然很少，但有一些独角鲸的确有两个獠牙。

你知道吗？

独角鲸生活在北极，而不是南极。

2 独角鲸对战沙虎鲨 1

回合 / 场次

鲸和鲨鱼的对决简直绝配。独角鲸必须到水上呼吸空气，而鲨鱼不需要。谁更占优势呢？

小百科

鳐鱼和鲨鱼都没有骨头。它们的骨骼是由软骨构成的。

你知道吗？

软骨不是骨头。你的耳朵和鼻子也是由软骨构成的。

沙虎鲨获胜！

独角鲸和沙虎鲨你来我往。

你知道吗？

独角鲸因长着獠牙，而被称作海洋中的独角兽。

小百科

独角鲸没有背鳍。

你知道吗？

鲨鱼不会得癌症。

独角鲸的长獠牙让它无法快速转弯。独角鲸绝不是沙虎鲨的对手！沙虎鲨获胜！

现在来到第二回合第二场比赛。虎鲸游向了对手葡萄牙战舰水母。

小百科

大多数虎鲸个体都有 48 颗牙齿——24 颗在上颌，24 颗在下颌。人类有 28 到 32 颗牙齿。

你知道吗？

智商超高的虎鲸更被看好。

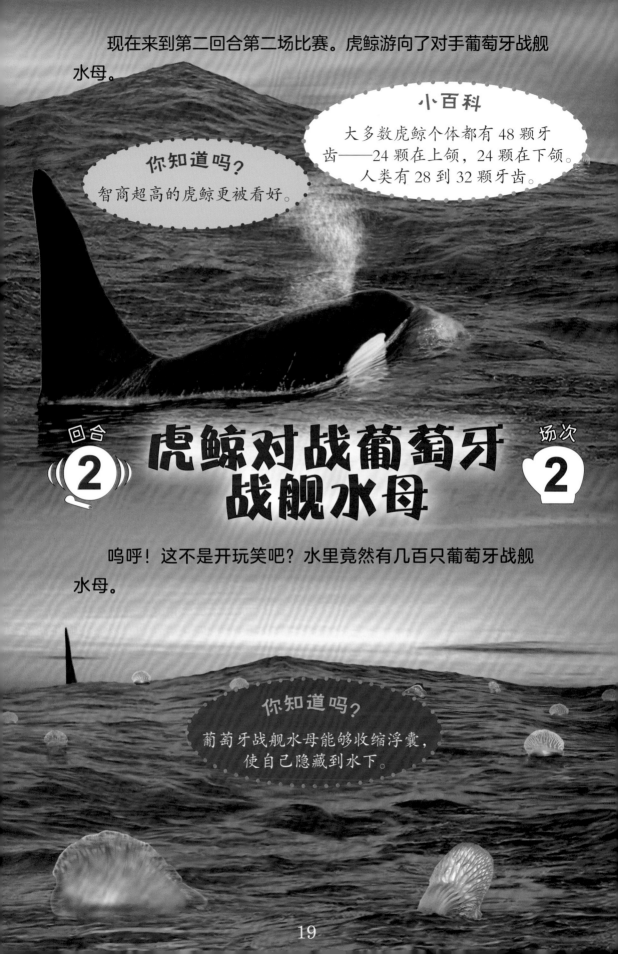

虎鲸对战葡萄牙战舰水母

回合 **2**

场次 **2**

呜呼！这不是开玩笑吧？水里竟然有几百只葡萄牙战舰水母。

你知道吗？

葡萄牙战舰水母能够收缩浮囊，使自己隐藏到水下。

葡萄牙战舰水母获胜！

虎鲸的喷水孔里不小心吸入了一只葡萄牙战舰水母。水母那能分泌毒液的触手伸入了虎鲸的肺部。

小百科

绝对不要碰葡萄牙战舰水母，它身上致命的化学物质会伤人。

你知道吗？

虎鲸是海豚科最大的物种。

小百科

虎鲸没有天敌，也不是濒危物种。

虎鲸碰上了大麻烦。由于吸入葡萄牙战舰水母致命的毒素，虎鲸的嘴巴、舌头、鼻腔和肺部都剧烈灼烧起来。虎鲸退出了比赛。很可惜，备受期待的虎鲸对阵咸水鳄的比赛没有发生。我们期待明年再来！

第二回合第三场比赛开始！这一次是咸水鳄对阵石鱼。即便这是场漂亮的对决，也不会有谁想给任何一个选手拍照的。

你知道吗？

全球每年的咸水鳄袭击事件要多于鲨鱼袭击事件。

回合 ②咸水鳄对战石鱼③ 场次

你知道吗？

如果这场比赛拍成电影，那么名字应该叫《大咸鳄对战小石头》

咸水鳄用尾巴把水搅浑了。现在，石鱼什么都看不见。咸水鳄在哪里？

咸水鳄获胜！

咸水鳄用了个很聪明的技巧。就在石鱼待在海底不动弹的时候，鳄鱼用它近一米长的颌部咬住了石鱼身体的一侧。咔嚓！石鱼的刺再也无法碰到咸水鳄了。

小百科

咸水鳄太凶猛了，就算是很小的一只也能对人构成威胁。

小百科

鳄鱼常常把自己的猎物埋到水下，之后再食用，这样肉质会更松软一些。

爬行动物获胜。石鱼死掉了。咸水鳄将前往半决赛。

这是第二回合最后一场比赛了，大白鲨对阵蓝圈章鱼。所有人都希望大白鲨能够挺进决赛。

回合 ② 大白鲨对战蓝圈章鱼 场次 ④

喷射动力
蓝圈章鱼像喷射发动机一样，通过喷水移动。

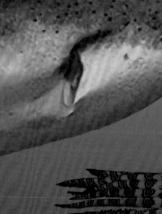

蓝圈章鱼会不会变成海洋中最令人生畏的鲨鱼的晚餐呢？蓝圈章鱼害怕了吗？大白鲨能够聪明地避开毒液吗？

蓝圈章鱼获胜！

大白鲨试图一口吞下蓝圈章鱼。不过灵巧的蓝圈章鱼可不甘心就这么被吃掉，它跳进了大白鲨的鱼鳃里。

蓝圈章鱼射出致命的毒液。一、二、三，三秒钟后，大白鲨再也奈何不了蓝圈章鱼了。大白鲨逐渐失去意识，游不动了，慢慢沉向水底。大白鲨看上去不那么凶猛了。

蓝圈章鱼挺进下一赛段。

第二回合比赛结束。我们该称呼下一轮比赛为第三回合还是半决赛呢？

在篮球比赛中，这是四强赛。
在冰球比赛中，这是冰冻四强赛。
现在，即将开始的是——海洋四强赛。

哇呜！最终剩下的是一只管水母、一条鱼、一只爬行动物和一只软体动物。海洋哺乳动物只能当观众了。

回合 3 场次 1
葡萄牙战舰水母对战沙虎鲨

本场对阵双方为沙虎鲨和葡萄牙战舰水母。在棒球比赛中，人们会说："开球！"那我们就说："希望最厉害的动物获胜！"

你知道吗？
海洋四强全部都是变温动物。

你知道吗？
在最初参赛的十六只海洋生物中，虎鲸、海象、独角鲸和北极熊是恒温动物。

沙虎鲨获胜！

沙虎鲨拍打着自己的尾巴，将葡萄牙战舰水母切成了碎片。虽然沙虎鲨受伤了，但是它摇了摇身体，仿佛没事一样。鲨鱼的皮肤像牙齿一样。葡萄牙战舰水母被裹挟进水流，冲到了海岸上。

小百科
鲨鱼皮肤上坚硬粗糙的
"牙齿"被称作盾鳞。

太阳的热量杀死了葡萄牙战舰水母。小心！虽然水母已经死了，但还是有毒的，不要碰！沙虎鲨游向了决赛场地。

另一场海洋四强赛来了：咸水鳄对阵蓝圈章鱼！咸水鳄之前战胜了大王乌贼和石鱼。

③ 咸水鳄对战蓝圈章鱼

蓝圈章鱼之前战胜了旗鱼和大白鲨。咸水鳄没有瞎晃，它径直游向蓝圈章鱼。注意蓝圈章鱼有毒！

27

咸水鳄获胜！

嘎吱！咸水鳄以闪电般的速度将蓝圈章鱼咬成两半！这只章鱼根本没有时间去思考，该如何咬住一只体重是自己 1 000 倍的爬行动物。

小百科
咸水鳄的体重能达到 900 千克。这可是接近 1 吨重！

小百科
一只蓝圈章鱼只有不到 1 千克重。

你知道吗？
科学家们曾标记过的一只咸水鳄，在开阔海域中能不间断游 960 多千米。

毒素是一种有力的武器，不过这次却没发挥作用。脏乎乎的咸水鳄挺进了决赛。

本场锦标赛决赛开战，沙虎鲨对阵咸水鳄。这只坚毅的鲨鱼能够打败地球上最难对付的爬行动物吗？

小百科

大多数鲨鱼袭击事件发生在傍晚，在河口或者浑浊的水域里。

冠军赛！

小百科

大多数咸水鳄袭击事件发生在岸边或者鳄鱼成群的环礁湖中。

体形略小的沙虎鲨对体形巨大、残忍的咸水鳄来说，显得太弱势了。

咸水鳄获胜！

咸水鳄摆好架势，给沙虎鲨送出一记致命撕咬。结束了！地球上最大、最残忍的爬行动物获胜！咸水鳄赢得了海洋大混战的冠军。

这不过是其中一种可能的战斗结果。亲爱的小读者，如果是你，你会如何书写结局呢？

SCHOLASTIC

WHO WOULD WIN

猜猜谁会赢

动 物 大 混 战

［美］杰瑞·帕洛塔（Jerry Pallotta） 著　　［美］罗布·博斯特（Rob Bolster） 绘　　纪园园 译

美洲豹对战臭鼬

中信出版集团｜北京

图书在版编目（CIP）数据

美洲豹对战臭鼬／（美）杰瑞·帕洛塔著；（美）罗
布·博斯特绘；纪园园译. — 北京：中信出版社，
2021.7（2024.12重印）
（猜猜谁会赢：动物大混战）
书名原文：Who Would Win? Jaguar vs. Skunk
ISBN 978-7-5217-3255-9

Ⅰ. ①美… Ⅱ. ①杰… ②罗… ③纪… Ⅲ. ①哺乳动
物纲－儿童读物 Ⅳ. ① Q959.8-49

中国版本图书馆 CIP 数据核字（2021）第 119477 号

美洲豹对战臭鼬
（猜猜谁会赢：动物大混战）

著　　者：[美] 杰瑞·帕洛塔
绘　　者：[美] 罗布·博斯特
译　　者：纪园园
出版发行：中信出版集团股份有限公司
　　　　　（北京市朝阳区东三环北路27号嘉铭中心 邮编 100020）
承　印　者：北京尚唐印刷包装有限公司

开　　本：787mm×1092mm　1/16　　印　张：20　　　字　数：350千字
版　　次：2021 年 7 月第 1 版　　　　印　次：2024 年 12 月第 8 次印刷
京权图字：01-2021-3866　　　　　　 审 图 号：GS（2021）3453 号
书　　号：ISBN 978-7-5217-3255-9
定　　价：130.00 元（全 10 册）

出　　品：中信儿童书店
图书策划：红披风
策划编辑：吕晓婧　　　　　　　 责任编辑：徐芸芸　　　　　　　营销编辑：易晓倩　张旖旎　李鑫橦
装帧设计：谭潇　李晓红　颂煜图文

初识美洲豹

美洲豹也称美洲虎，属于猫科动物，是地球上第三大的猫科动物。美洲豹狩猎技能一流，也是优秀的游泳选手。拉丁学名为 *Panthera onca*。

猫科动物

猫科动物是肉食类哺乳动物的一种，多数善于攀缘和跳跃。

小百科

西伯利亚虎，也称东北虎，是现存的猫科动物中体形最大的。

小百科

狮子是第二大的猫科动物。

初识臭鼬

臭鼬是臭鼬科哺乳动物。臭鼬的拉丁学名为 *Mephitis mephitis*，意思是糟糕的气味。臭鼬的毛色为黑白色。

小百科

"臭鼬"一词来源于印第安阿尔冈昆语。

臭鼬可怕的牙齿和尖利的爪子并不为人所熟知。出名是因为臭鼬能发出恶臭的气味。

攀爬

美洲豹能爬树。它们常常将自己刚刚猎杀的猎物拖到树上。

游泳

大多数猫科动物不喜欢水，但是美洲豹是很优秀的游泳选手。小心了，鳄鱼们！小心了，乌龟们！

躲藏

美洲豹很擅长隐藏自己，白天很少能见到。臭鼬藏到哪里了呢？

小百科

在美国，如果白天你听到屋顶上有什么动物，那很可能是浣熊或松鼠，肯定不是臭鼬。

考考你

你有没有闻到过附近有美洲豹的气味呢？

房子底下？垃圾桶里？那边的灌木丛里？

认识猫科动物的毛斑

美洲豹：玫瑰花形斑纹

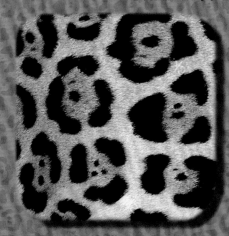

小知识

黑豹与美洲豹亲缘关系非常近。黑豹可以说是没有斑点的美洲豹。

花豹：梅花状斑点

猎豹：圆形斑点

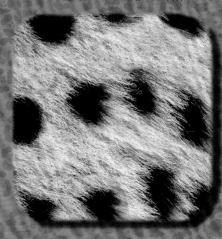

老虎：条形斑纹

狮子：无斑纹

小百科

狮子宝宝身上有斑块，但长大后斑块通常会消失。

了解臭鼬的斑纹

非洲艾鼬

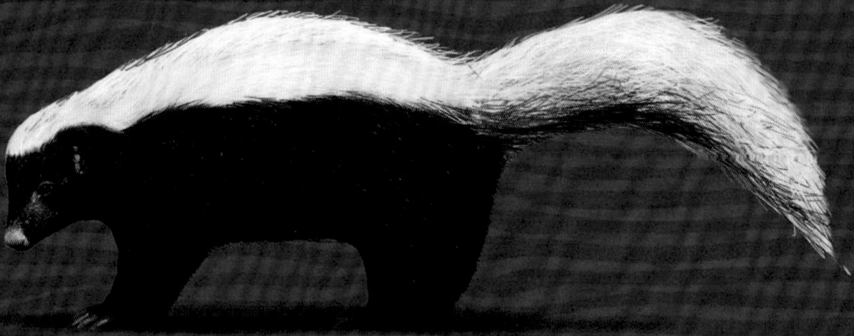

猪鼻臭鼬

斑臭鼬

大尾臭鼬

小百科

臭鼬宝宝生来就带有斑纹。

本书后面着重介绍的臭鼬指的就是它：缟臭鼬

这真是有味道的一页！是不是隔着书页都感受到了？

美洲豹生活在北美洲南端和南美洲的大部分地区等。

北美洲

太平洋

大西洋

北美洲南端

南美洲

美洲豹的栖息地

小百科

非洲没有美洲豹。

很多美洲豹生活在雨林里，它们也会到草原和树少的地方狩猎。

除南极洲和澳大利亚，臭鼬在全球都有分布。

北冰洋

欧洲

亚洲

太平洋

非洲

印度洋

臭鼬的栖息地

澳大利亚

南大洋

南极洲

9

晨昏猎手

美洲豹有时是一位晨昏猎手。

晨昏猎手

指的是在清晨或傍晚狩猎的动物。

你知道吗？

有个著名的跑车品牌就叫作美洲豹。

清晨是太阳刚刚升起的时候。傍晚是太阳落山的时候。

小百科

清晨也被称作破晓。黄昏也被称作日暮。

夜行

臭鼬是夜行性捕食者，在晚上出门。

在美国，"倒臭鼬霉"有时候指的是去钓鱼却一无所获。

"嘿，罗布，或许我们可以写一本夜行动物识字书。"杰瑞说。

夜行动物识字书

杰瑞·帕洛塔［著］
罗布·博斯特［绘］
Ⓜ SCHOLASTIC

肉类食物

动物学家研究发现，美洲豹以各种不同的动物为食。

水獭

猴子

鹿

貘

动物学家

指的是研究动物的科学家。

兔子

蛇

你知道吗？

美洲豹能狩猎和吃掉比自己体形大很多的动物。

水豚

野猪

鱼

鳄鱼

龟

青蛙

杂食食物

臭鼬是杂食动物，既吃植物，也吃动物，吃意大利面或者芝士汉堡也会很开心的。

水果和蔬菜

昆虫和昆虫的幼虫

小型爬行动物和两栖动物

小型哺乳动物

蛋

鱼

蠕虫

蜗牛

意大利面

芝士汉堡

警告！
小心美洲豹

美洲豹是很厉害的动物。如果有动物奥运会，美洲豹很可能会赢得狩猎比赛的金牌。

美洲豹不是绅士，它会悄悄追踪、伏击猎物。它强大的下颌甚至能咬碎龟壳，切开头骨，咬穿脖颈。

小百科

在所有的猫科动物中，美洲豹的远亲猞猁的尾巴是最短的，近亲雪豹的尾巴是最长的。

图为巴西货币，面值为 50 巴西雷亚尔。

警告！
小心臭鼬

一只臭鼬在一辆轿车底下喷射了臭液，搞得这家人整整一周都没法用车。实在太臭了！

小百科

臭鼬不会对臭鼬喷射臭液。

另一只臭鼬来到一户人家的空调室外机旁边，它铆足了劲儿喷射出臭液。臭味沿着空调飘进屋子里，搞得这家人一整个月都没法在屋子里待着。太惨了！

小百科

如果你白天看到一只臭鼬，那它肯定是生病了。

一个女孩在上学路上被臭鼬的臭液喷到，校长让她回了家。为了去掉臭鼬的气味，女孩必须把自己泡在西红柿汁水里洗澡。她的父母不得不把她穿的衣服都扔掉了。

小百科

臭鼬喷出的臭液毒性不大。

听

你怎么才能知道周围有美洲豹呢？听一听！美洲豹可是会咆哮的猫科动物。

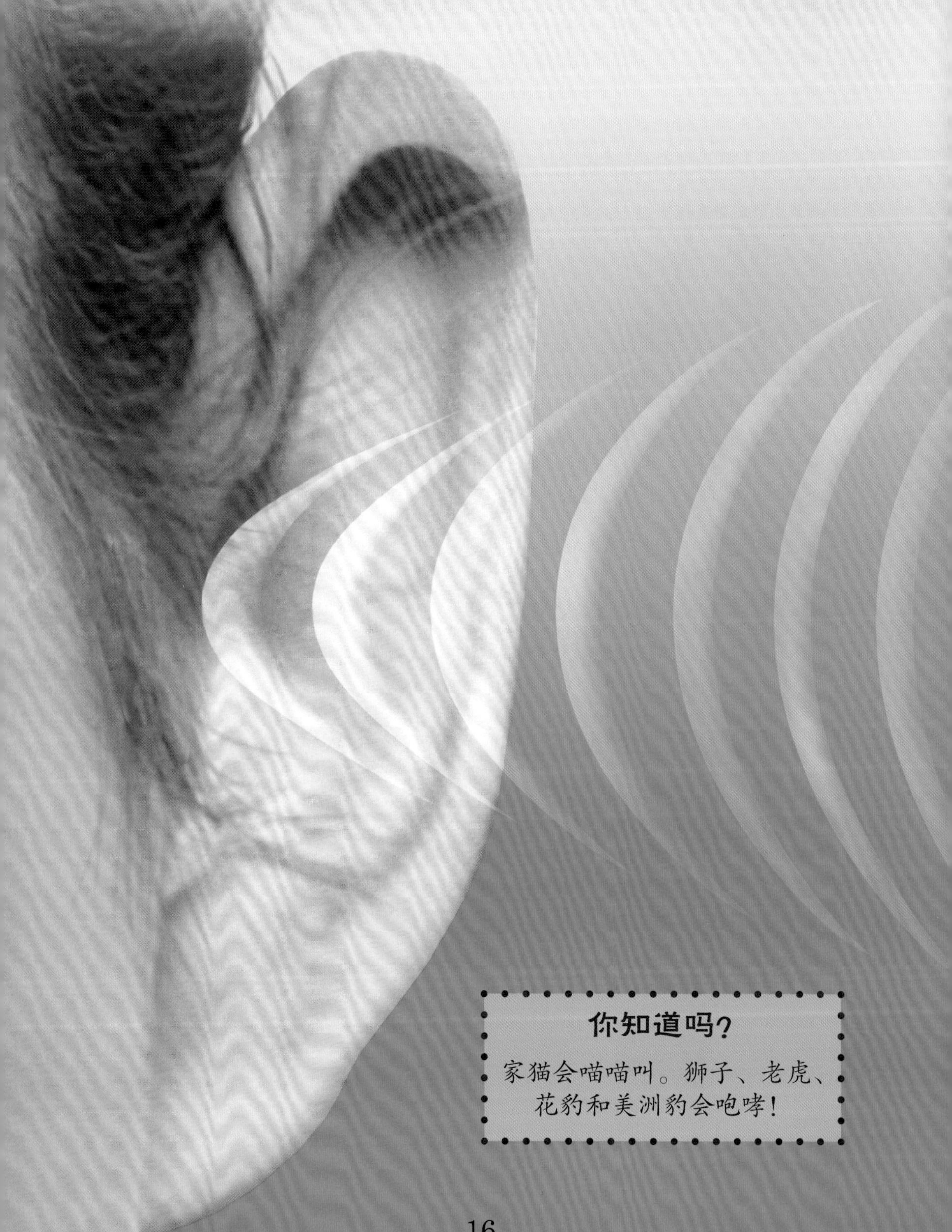

你知道吗？

家猫会喵喵叫。狮子、老虎、花豹和美洲豹会咆哮！

16

嗅

你怎么才能知道周围有臭鼬呢？闻一闻！呃！会很恶心。臭鼬发出的气味来自尾巴旁边的腺体。当感受到威胁，臭鼬会抬起尾巴，根据"敌人"的远近，喷射出具有恶臭的臭雾或臭液。

你知道吗？

如果臭鼬看不见喷射对象，很少会喷射臭液。如果除害工人逮住一只臭鼬，很可能会把臭鼬放到笼子里，盖上一张毯子，这样臭鼬就不会喷射臭液了。

独居

美洲豹是独居的猫科动物，非常喜欢自己住。

> **你知道吗?**
> 成年后的美洲豹都会独自生活，独自狩猎。

如果美洲豹集体进攻，很可能就是这个样子的。哟呼！

> **你知道吗?**
> 老虎也是独自狩猎的猎手。

> **你知道吗?**
> 狮子则是群居动物，合作狩猎。

很酷的臭味

芝加哥的名字来源于印第安奥季布瓦人，意思是臭鼬之地。

芝加哥的
城市轮廓

你知道吗？
臭菘草散发的气味和
臭鼬释放的类似。

臭鼬工厂是洛克希德·马丁公司（美国加利福尼亚州帕姆代尔市）的官方认可绰号。这家公司生产了 U-2 侦察机、SR-71 黑鸟式侦察机、F-117A 夜鹰战斗机和 F-22 猛禽战斗机。

牙齿

美洲豹的牙齿非常适合捕食猎物。

你知道吗？

所有猫科动物上颌的最后一颗牙都是侧长的。

身高和体重

肩高0.66~0.76米

0.9米

0.6米

0.3米

0

体重

54~95千克

小牙齿

臭鼬的牙齿很小，但是却很有用！

你知道吗？

臭鼬散发的臭味由七种化学物质组成。

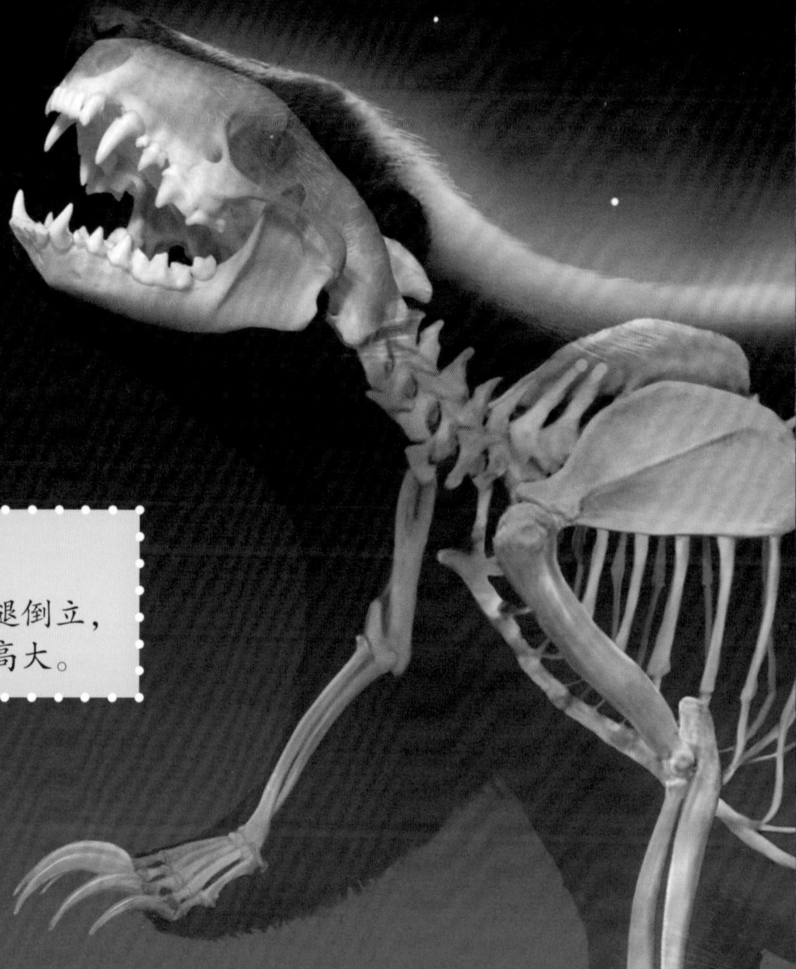

你知道吗？

有一些臭鼬能用前腿倒立，所以看上去体形高大。

体长和体重

0　　0.3米　　0.6米　　0.9米

体长0.56~0.79米

体重

1.8~5.4千克

更多优势

美洲豹除了巨大的牙齿和强健的下颌，还有其他武器。

锋利的爪子

伪装

速度快

哇噢！美洲豹的奔跑速度能够达到每小时 80 千米。真快！

一个优势

臭鼬或许只有一件生存武器，即制造恶心气味，这一能力让它们平安地生活了数百万年。

你知道吗？
臭鼬甚至能够连续释放六次臭液。

你知道吗？
臭鼬喷出的臭液非常容易燃烧。

臭鼬速度不快，但却是化学武器专家。

美洲豹偷偷盯上了一头打盹的鳄鱼，狠狠一口就咬断了鳄鱼的脖子！

就在美洲豹吃鳄鱼的时候，臭鼬找到了一只美味的蜻蜓。

就在美洲豹吃海狸鼠的时候，臭鼬在大嚼一只美味的青蛙。

美洲豹伏击了一只水豚——地球上最大的啮齿类动物。美洲豹把大个头的水豚拖到树上，留作晚餐慢慢享用。

伏击

是一种突然袭击，伺机而动。

一条大绿森蚺当午餐也不是问题。美洲豹的下颌异常强壮。抱歉，大蛇！

美洲豹用尖牙抓住了一条人齿鱼。好吃！晚餐就是鱼宴了！

就在美洲豹享受鱼宴的时候，臭鼬正在吸食一颗龟蛋。

你知道吗？
有人曾见到一只臭鼬把一头美洲狮赶走了。

美洲豹的下颌实在太强大了，能够咬碎坚硬的龟壳。龟就这样进了美洲豹的肚子。

聪明的美洲豹跟踪着一头野猪。它耐心地等待这头野猪睡下，然后咬碎了野猪的头颅。

跟踪

就是偷偷地跟着。

饥饿的美洲豹走进了雨林里，它在寻找自己下一餐的食物。

美洲豹看到了臭鼬。美洲豹可以轻松地把臭鼬撕成碎片。
这场对战力量悬殊。

哎呀！美洲豹可受不了这臭味，撒腿就跑。凶猛的美洲豹放弃了这场战斗。臭鼬获胜！祝贺臭鼬！

实力大比拼
参数对比

美洲豹		臭鼬
☐	体形	☐
☐	牙齿	☐
☐	臭味	☐
☐	爪子	☐
☐	速度	☐
☐	体重	☐

这不过是其中一种可能的战斗结果。亲爱的小读者，如果是你，你会如何书写结局呢？